普通高等院校电气信息类专业实验实训系列教材

传感器技术实验教程

主　编　刘振方　李　岩
副主编　梁　杰　王　璐　张丽娟

北京理工大学出版社
BEIJING INSTITUTE OF TECHNOLOGY PRESS

内容简介

本书侧重于对学生实践操作能力和综合设计能力的培养，精选了具有代表性的27个实验，具有较强的可操作性和通用性。本书所包括的实验在教学中可根据每个学校的实际情况灵活选择，书中的实验内容和难易程度可以满足不同层次的教学要求。每个实验项目都有实验原理、实验步骤和注意事项等内容，部分实验附带思考题，可供教师和学生选用。

本书内容丰富、全面，可作为应用型本科高等院校的电气与自动化类相关专业课程“传感器技术”的实验教材，也可用作其他高等院校相关专业实验课程教材和教学参考书。

图书在版编目（CIP）数据

传感器技术实验教程 / 刘振方，李岩主编．—北京：北京理工大学出版社，2019.9（2025.1重印）

ISBN 978-7-5682-7467-8

Ⅰ.①传…　Ⅱ.①刘…　②李…　Ⅲ.①传感器-实验-高等学校-教材　Ⅳ.①TP212-33

中国版本图书馆CIP数据核字（2019）第181827号

出版发行 / 北京理工大学出版社有限责任公司
社　　址 / 北京市海淀区中关村南大街5号
邮　　编 / 100081
电　　话 / （010）68914775（总编室）
　　　　　（010）82562903（教材售后服务热线）
　　　　　（010）68948351（其他图书服务热线）
网　　址 / http：//www.bitpress.com.cn
经　　销 / 全国各地新华书店
印　　刷 / 廊坊市印艺阁数字科技有限公司
开　　本 / 787毫米×1092毫米　1/16
印　　张 / 8.25
字　　数 / 195千字
版　　次 / 2019年9月第1版　2025年1月第3次印刷
定　　价 / 28.00元

责任编辑 / 陈莉华
文案编辑 / 陈莉华
责任校对 / 周瑞红
责任印制 / 李志强

图书出现印装质量问题，请拨打售后服务热线，本社负责调换

前　言

在当今高度信息化社会的时代，传感器技术在工业自动化及机电一体化系统乃至整个现代科学技术领域占有极其重要的地位。为了适应这一时代发展的迫切需要，全国各大高等院校都相继将传感器技术纳入教学任务，作为自动化技术、机电一体化技术、电子技术、通信工程技术等电类相关专业的一门必修课。实验的目的是使学生了解一些电气和各种非电量电测传感元件，熟悉常用的传感器测量技术，学会使用常用的测量仪器仪表，掌握基本的非电量电测方法。要求学生通过实际操作，培养独立思考、独立分析和独立实验的能力，并通过实验加深对理论内容的理解。

《传感器技术实验教程》以普及传感器基础知识、指导应用传感器为主线，在讲述传感器的工作原理、特性、测量电路的基础上，详细讲解了电阻式、压力式、位移式、转速式、温度式、光学式及数据采集等各类传感器的综合应用，重点对检测和应用各种传感器的技能进行实训指导。该书内容全面，深入浅出，图文并茂，通俗易懂，可操作性强，用简明的语言阐明了传感器的工作原理，减少了原理中复杂公式的推导，加强了实用性，能使读者结合实际即学即用。本书可作为各类工科院校传感器技术相关课程的实验教材，也可作为工业技术设计人员、机电工程技术人员、电子工程企业及广大电子爱好者学习的参考和自学用书。

本书由河北水利电力学院刘振方、李岩担任主编，河北水利电力学院梁杰、王璐、张丽娟担任副主编。其中刘振方编写实验一～实验十五，王璐编写实验十六～实验十九，梁杰编写实验二十～实验二十二，李岩编写实验二十三～实验二十七，张丽娟编写附录部分。

由于时间仓促，编者水平有限，本实验教程难免有疏漏或不当之处，热切期望广大的老师与学生们能够提出宝贵意见。谢谢！

编　者

目　录

实验一　应变片性能实验

一、实验目的和要求

（1）了解应变片的工作原理与应用并掌握应变片测量电路。

（2）了解应变片半桥（双臂）的工作特点及性能。

（3）了解应变片全桥的工作特点及性能。

（4）比较单臂、半桥、全桥输出时的灵敏度和非线性度，得出相应的结论。

二、实验基本理论

电阻应变式传感器是在弹性元件上通过特定工艺粘贴电阻应变片来组成，是一种利用电阻材料的应变效应将工程结构件的内部变形转换为电阻变化的传感器。此类传感器主要是通过一定的机械装置将被测量转化成弹性元件的变形，然后由电阻应变片将弹性元件的变形转换成电阻的变化，再通过测量电路将电阻的变化转换成电压或电流变化信号输出。它可用于能转化成变形的各种非电物理量的检测，如力、压力、加速度、力矩、重量等，在机械加工、计量、建筑测量等行业应用十分广泛。

1. 应变片的电阻应变效应

所谓电阻应变效应是指具有规则外形的金属导体或半导体材料在外力作用下产生应变时，其电阻值也会产生相应地改变，这一物理现象称为“电阻应变效应”。以圆柱形导体为例，设其长为 L、半径为 r、材料的电阻率为 ρ 时，根据电阻的定义式得：

$$R = \rho \frac{L}{A} = \rho \frac{L}{\pi \cdot r^2} \tag{1-1}$$

当导体因某种原因产生应变时，其长度 L、截面积 A 和电阻率 ρ 的变化为 dL、dA、$d\rho$，相应的电阻变化为 dR。对式（1－1）全微分得电阻变化率 dR/R 为：

$$\frac{dR}{R} = \frac{dL}{L} - 2\frac{dr}{r} + \frac{d\rho}{\rho} \tag{1-2}$$

式中，dL/L 为导体的轴向应变量 ε_L；dr/r 为导体的横向应变量 ε_r。

由材料力学得：

$$\varepsilon_L = -\mu\varepsilon_r \tag{1-3}$$

式中，μ 为材料的泊松比，大多数金属材料的泊松比为0.3～0.5；负号表示两者的变化方向相反。将式（1－3）代入式（1－2）得：

$$\frac{dR}{R} = (1+2\mu)\varepsilon + \frac{d\rho}{\rho} \tag{1-4}$$

式（1－4）说明电阻应变效应主要取决于它的几何应变（几何效应）和本身特有的导电性

能（压阻效应）。

2. 应变灵敏度

应变灵敏度是指电阻应变片在单位应变作用下所产生的电阻的相对变化量。

1）金属导体的应变灵敏度 K

金属导体的应变灵敏度主要取决于其几何效应，可取

$$\frac{\mathrm{d}R}{R} \approx (1+2\mu)\varepsilon_r \tag{1-5}$$

其灵敏度系数为：

$$K = \frac{\mathrm{d}R}{\varepsilon_r R} = 1 + 2\mu$$

金属导体在受到应变作用时将产生电阻的变化，拉伸时电阻增大，压缩时电阻减小，且与其轴向应变成正比。金属导体的电阻应变灵敏度一般在 2 左右。

2）半导体的应变灵敏度

主要取决于其压阻效应，可取

$$\mathrm{d}R/R \leqslant \mathrm{d}\rho/\rho$$

半导体材料之所以具有较大的电阻变化率，是因为它有远比金属导体显著得多的压阻效应。在半导体受力变形时会暂时改变晶体结构的对称性，因而改变了半导体的导电机理，使得它的电阻率发生变化，这种物理现象称为半导体的压阻效应 。不同材质的半导体材料在不同受力条件下产生的压阻效应不同，可以是正（使电阻增大）的或负（使电阻减小）的压阻效应。也就是说，同样是拉伸变形，不同材质的半导体将得到完全相反的电阻变化效果。

半导体材料的电阻应变效应主要体现为压阻效应，其灵敏度系数较大，一般为 100 ~ 200。

3. 贴片式应变片的应用

在贴片式工艺的传感器上普遍应用金属箔式应变片，贴片式半导体应变片（温漂、稳定性、线性度不好而且易损坏）很少应用。一般半导体应变片采用 N 型单晶硅为传感器的弹性元件，在它上面直接蒸镀扩散出半导体电阻应变薄膜（扩散出敏感栅），制成扩散型压阻式（压阻效应）传感器。

本实验以金属箔式应变片为研究对象。

4. 金属箔式应变片的基本结构

金属箔式应变片是在采用苯酚、环氧树脂等绝缘材料的基板上，粘贴直径为 0.025 mm 左右的金属丝或金属箔制成，如图 1-1 所示。

金属箔式应变片就是通过光刻、腐蚀等工艺制成的应变敏感元件，与丝式应变片工作原理相同。电阻丝在外力作用下发生机械变形时，其电阻值发生变化，这就是电阻应变效应，描述电阻应变效应的关系式为：

$$\Delta R/R = K\varepsilon$$

式中，$\Delta R/R$ 为电阻丝电阻的相对变化量；K 为应变灵敏度系数；$\varepsilon = \Delta L/L$ 为电阻丝长度的相对变化量。

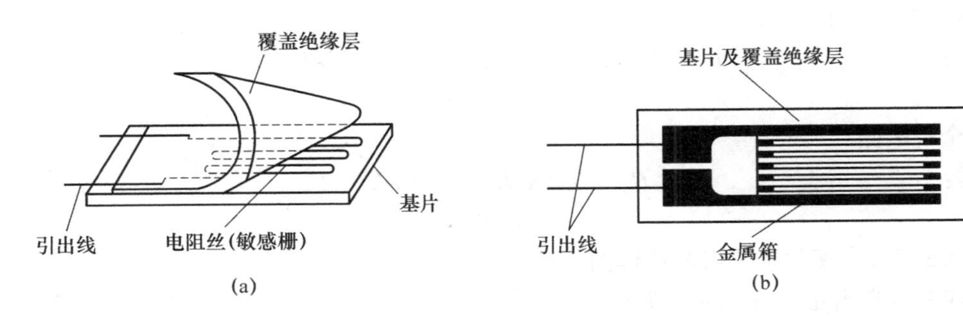

图 1-1　应变片结构图

(a) 丝式应变片；(b) 箔式应变片

5. 测量电路

为了将电阻应变式传感器的电阻变化转换成电压或电流信号，在应用中一般采用电桥电路作为其测量电路。电桥电路具有结构简单、灵敏度高、测量范围宽、线性度好且易实现温度补偿等优点。能较好地满足各种应变测量要求，因此在应变测量中得到了广泛的应用。

电桥电路按其工作方式分有单臂、双臂和全桥三种，单臂电路工作输出信号最小，线性、稳定性较差；双臂电路输出是单臂的两倍，性能比单臂电路有所改善；全桥电路工作时的输出是单臂时的四倍，性能最好。因此，为了得到较大的输出电压信号一般都采用双臂或全桥电路工作。其基本电路如图 1-2 中 (a)、(b)、(c) 所示。

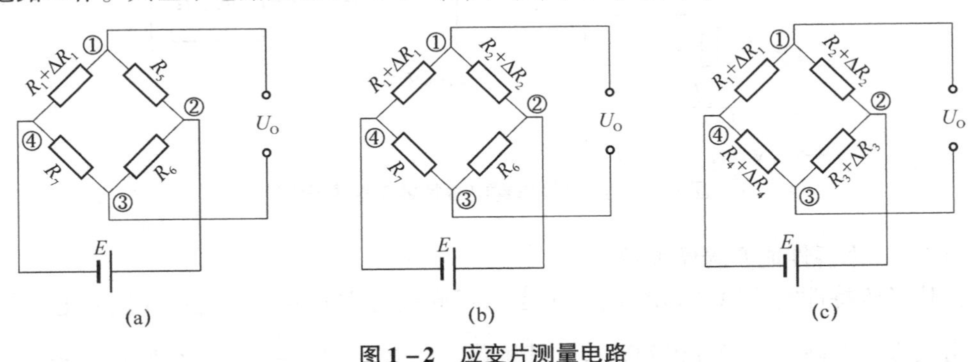

图 1-2　应变片测量电路

(a) 单臂电路；(b) 双臂 (半桥) 电路；(c) 全桥电路

1) 单臂电路

$$
\begin{aligned}
U_o &= U_{①} - U_{③} \\
&= [(R_1 + \Delta R_1)/(R_1 + \Delta R_1 + R_5) - R_7/(R_7 + R_6)]E \\
&= \{[(R_7 + R_6)(R_1 + \Delta R_1) - R_7(R_5 + R_1 + \Delta R_1)]/[(R_5 + R_1 + \Delta R_1)(R_7 + R_6)]\}E
\end{aligned}
$$

设 $R_1 = R_5 = R_6 = R_7$，且 $\Delta R_1/R_1 = \Delta R/R \ll 1$，$\Delta R/R = K\varepsilon$，$K$ 为灵敏度系数。则：

$$U_o \approx (1/4)(\Delta R_1/R_1)E = (1/4)(\Delta R/R)E = (1/4)K\varepsilon E$$

所以电桥的电压灵敏度为：

$$S = U_o/(\Delta R_1/R_1) = (1/4)E$$

2）双臂（半桥）电路

同理：

$$U_o \approx (1/2)(\Delta R/R)E = (1/2)K\varepsilon E$$

$$S = (1/2)E$$

3）全桥电路

同理：

$$U_o \approx (\Delta R/R)E = K\varepsilon E$$

$$S = E$$

6. 金属箔式应变片电桥实验原理图

1）应变片单臂电桥性能实验原理图

图1－3中R_5、R_6、R_7为350 Ω固定电阻，R_1为应变片；R_{W1}和R_8组成电桥调平衡网络，E为供桥电源（±4 V）。桥路输出电压$U_o' \approx \frac{1}{4}(\Delta R_4/R_4)E = (1/4)(\Delta R/R)E = \frac{1}{4}K\varepsilon E$。差动放大器输出为$U_o$。

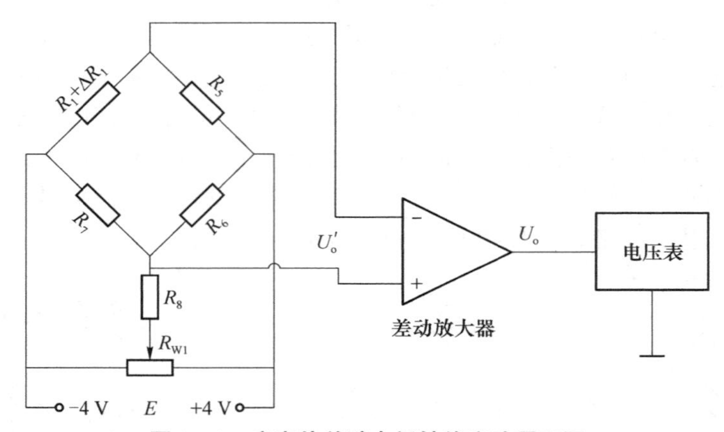

图1－3　应变片单臂电桥性能实验原理图

2）应变片半桥性能实验原理图

应变片半桥特性实验原理如图1－4所示。不同应力方向的两片应变片接入电桥作为邻边，输出灵敏度提高，非线性得到改善。其桥路输出电压$U_o' \approx \frac{1}{2}(\Delta R/R)E = \frac{1}{2}K\varepsilon E$。

3）应变片全桥性能实验接线原理图

应变片全桥特性实验原理如图1－5所示。应变片全桥测量电路中，将应力方向相同的两应变片接入电桥对边，相反的应变片接入电桥邻边。当应变片初始阻值：$R_1 = R_2 = R_3 = R_4$，其变化值$\Delta R_1 = \Delta R_2 = \Delta R_3 = \Delta R_4$时，其桥路输出电压$U_o' \approx (\Delta R/R)\ E = K\varepsilon E$。其输出灵敏度比半桥又提高了一倍，非线性得到改善。

三、设备仪器、工具及材料

JSCG－2型传感器检测技术实验台主机箱中的±2～±10 V（步进可调）直流稳压电源、±15 V直流稳压电源、电压表；应变传感器实验模板、托盘、砝码；$4\frac{1}{2}$位数显万用表（自备）。

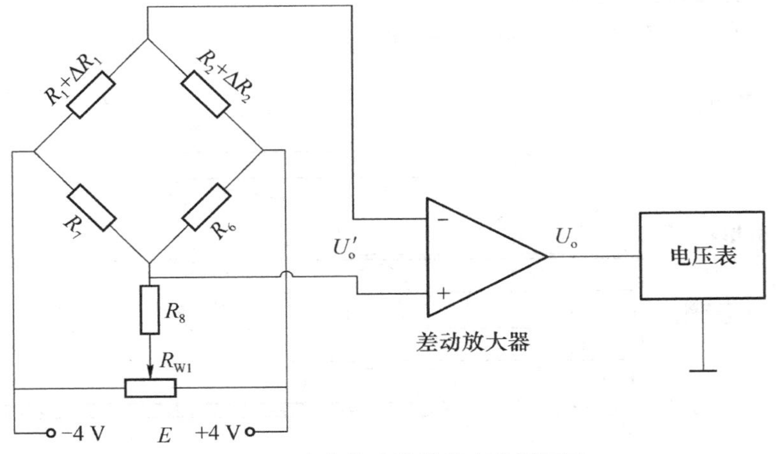

图 1－4　应变片半桥性能实验原理图

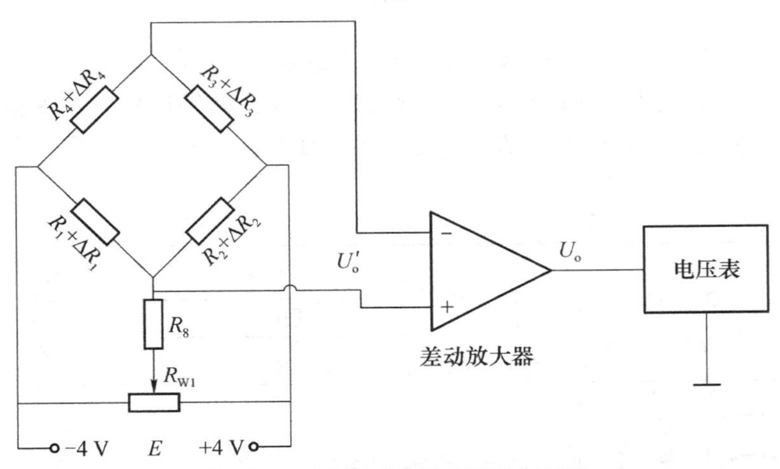

图 1－5　应变片全桥性能实验原理图

四、步骤和过程

应变传感器实验模板使用说明：应变传感器实验模板由应变式双孔悬臂梁载荷传感器（称重传感器）、加热器 +5 V 电源输入口、多芯插头、应变片测量电路、差动放大器组成。应变传感器实验模板中的 R_1（传感器的右上）、R_2（传感器的右下）、R_3（传感器的左上）、R_4（传感器的左下）为称重传感器上的应变片输出口；没有文字标记的 5 个电阻符号是空的无实体，其中 4 个电阻符号组成电桥模型是为电路初学者组成电桥接线方便而设；R_5、R_6、R_7 是 350 Ω 固定电阻，是为应变片组成单臂电桥、双臂电桥（半桥）而设的其他桥臂电阻。加热器 +5 V 是传感器上的加热器的电源输入口，做应变片温度影响实验时用。多芯插头是振动源的振动梁上的应变片输入口，做应变片测量振动实验时用。

1. 应变片单臂电桥性能实验

（1）将托盘安装到传感器上，如图 1－6 所示。

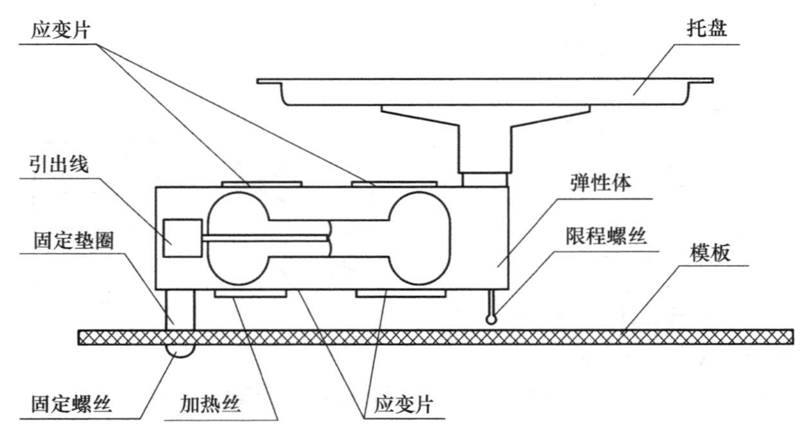

图 1－6　传感器托盘安装示意图

（2）测量应变片的阻值：当传感器的托盘上无重物时，如图 1－7 所示，分别测量应变片 R_1、R_2、R_3、R_4 的阻值。在传感器的托盘上放置 10 只砝码后再分别测量 R_1、R_2、R_3、R_4 的阻值变化，分析应变片的受力情况（受拉的应变片：阻值变大；受压的应变片：阻值变小）。

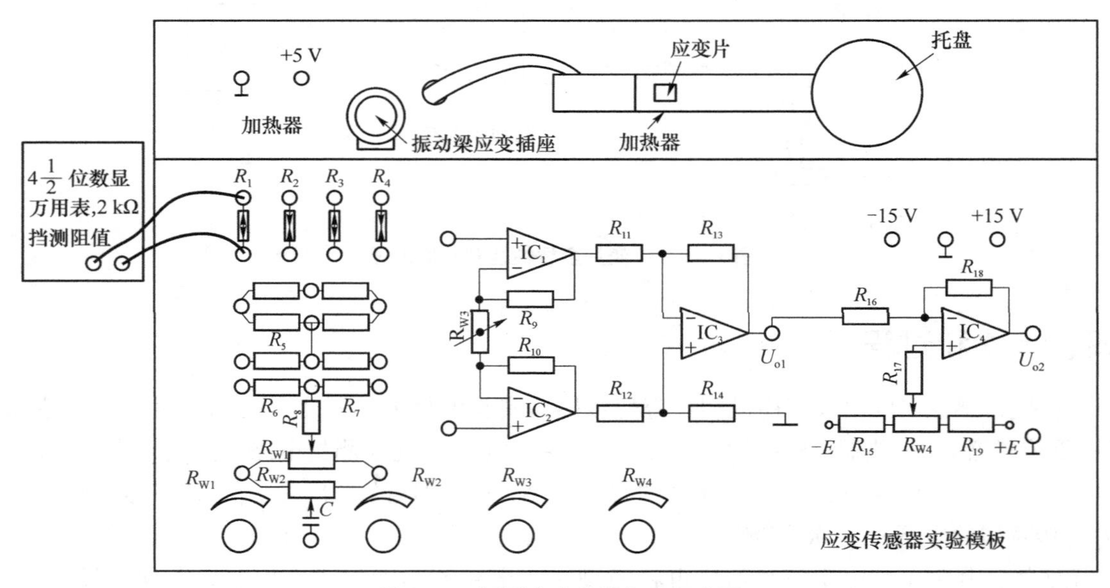

图 1－7　测量应变片的阻值示意图

（3）应变传感器实验模板中的差动放大器调零：按图 1－8 示意图接线，将主机箱上的电压表量程切换开关切换到 2 V 挡，检查接线无误后合上主机箱电源开关；调节放大器的增益电位器 R_{W3} 合适位置（先顺时针轻轻转到底，再逆时针回转 1 圈）后，再调节实验模板放

大器的调零电位器 R_{W4}，使电压表显示为零。

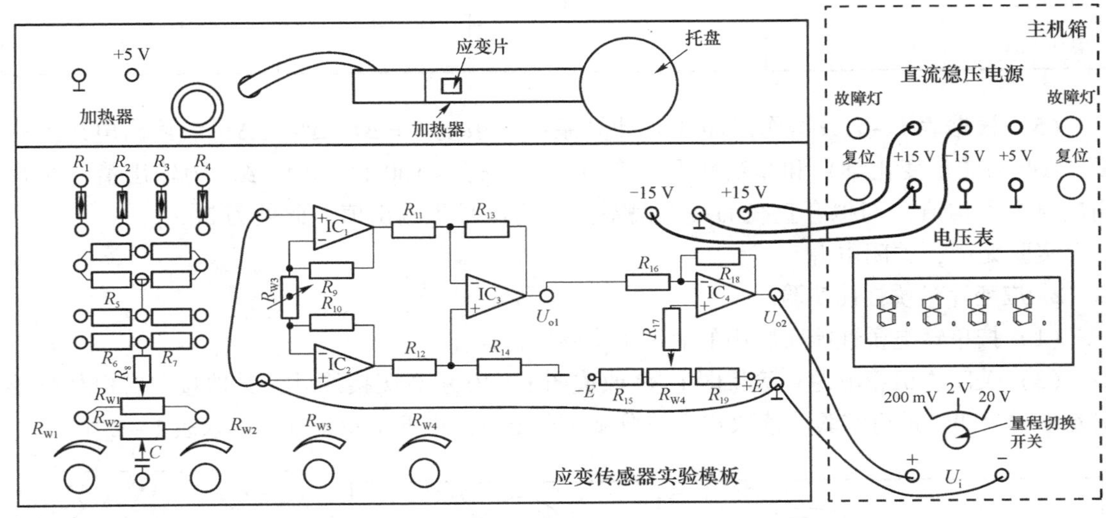

图1-8　差动放大器调零接线示意图

(4) 应变片单臂电桥实验：关闭主机箱电源，按图1-9示意图接线，将±2～±10 V可调电源调节到±4 V挡。检查接线无误后合上主机箱电源开关，调节实验模板上的桥路平衡电位器 R_{W1}，使主机箱电压表显示为零；在传感器的托盘上依次增加放置一只20 g砝码（尽量靠近托盘的中心点放置），读取相应的数显表电压值，记下实验数据并填入表1-1。

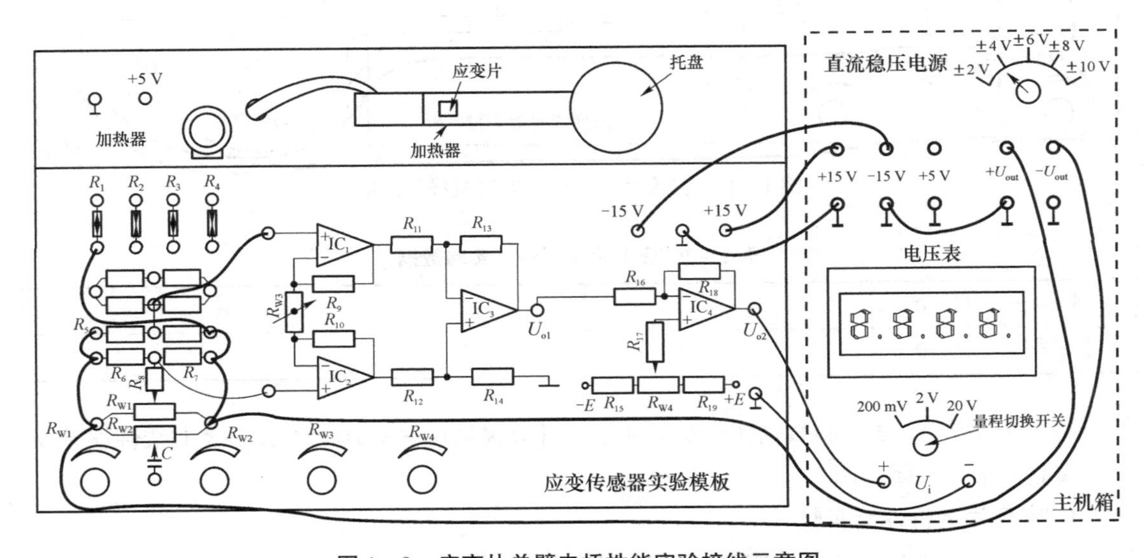

图1-9　应变片单臂电桥性能实验接线示意图

表 1－1　应变片单臂电桥性能实验数据

质量/g	0									
电压/mV	0									

（5）根据表 1－1 数据作出曲线并计算系统灵敏度 $S=\Delta U/\Delta W$（ΔU 为输出电压变化量，ΔW 为质量变化量）和非线性误差 δ，$\delta=\Delta m/y_{FS}\times 100\%$，式中 Δm 为输出值（多次测量时为平均值）与拟合直线的最大偏差；y_{FS} 为满量程输出值，此处为 200 g。

实验完毕，关闭电源。

2. 应变片半桥性能实验

（1）按单臂电桥性能实验中的前三个步骤进行操作。

（2）关闭主机箱电源，除将图 1－9 改成图 1－10 示意图接线外，其他按单臂电桥性能实验中的第四步进行实验。读取相应的数显表电压值，记下实验数据并填入表 1－2 中。

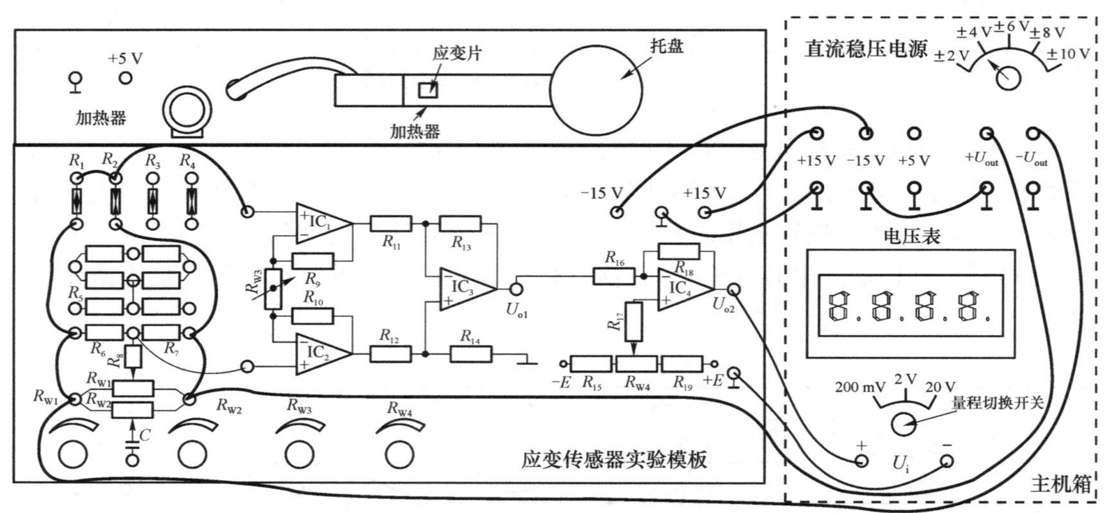

图 1－10　应变片半桥性能实验接线示意图

表 1－2　应变片半桥性能实验数据

质量/g	0									
电压/mV	0									

（3）根据表 1－2 实验数据作出实验曲线，计算灵敏度 $S=\Delta U/\Delta W$，以及非线性误差 δ。

实验完毕，关闭电源。

3. 应变片全桥性能实验

（1）按单臂电桥性能实验中的前三个步骤进行操作。

（2）关闭主机箱电源，除将图 1－9 改成图 1－11 示意图接线外，其他按单臂电桥性能实验中的第四步进行实验。读取相应的数显表电压值，记下实验数据并填入表 1－3 中。

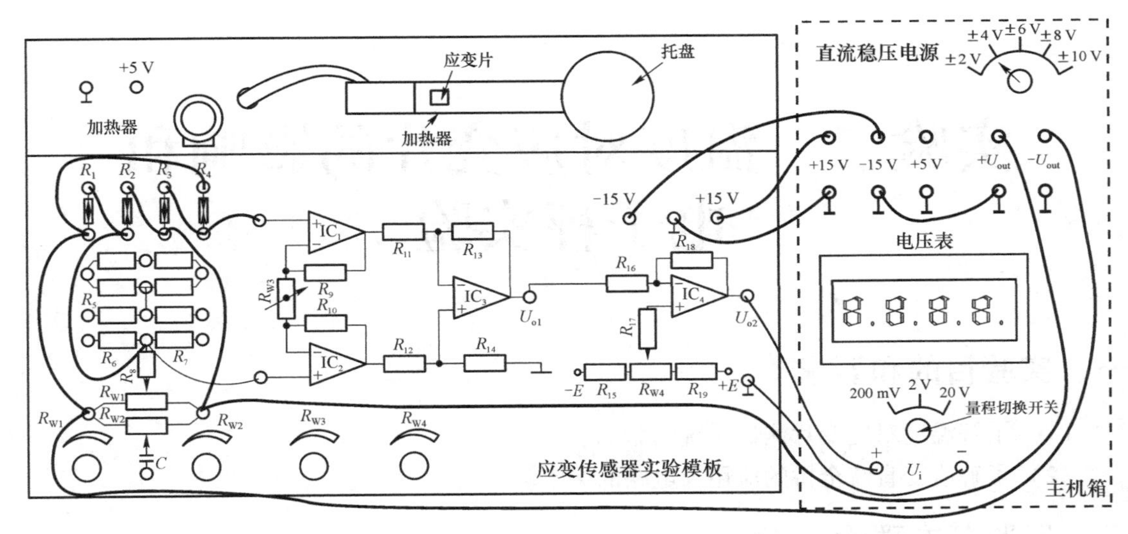

图 1-11　应变片全桥性能实验接线示意图

表 1-3　应变片全桥性能实验数据

质量/g										
电压/mV										

（3）根据表 1-3 实验数据作出实验曲线，计算灵敏度 $S = \Delta U/\Delta W$，以及非线性误差 δ。实验完毕，关闭电源。

五、实验注意事项

（1）接线与拆线前先关闭电源。

（2）实验前应检查实验接插线是否完好，连接电路时应尽量使用较短的接插线，以避免引入干扰。

（3）将接插线插入插孔，以保证接触良好，切忌用力拉扯接插线尾部，以免造成线内导线断裂。

（4）稳压电源不要对地短路。

六、思考题

（1）在半桥测量中两片不同受力状态的电阻应变片接入电桥时，应放在对边还是邻边？

（2）实验测量中，当两组对边（R_1、R_3 为对边）电阻值 R 相同时，即 $R_1 = R_3$，$R_2 = R_4$，而 $R_1 \neq R_2$ 时，是否可以组成全桥？

（3）根据实验所得的单臂、半桥和全桥输出时的灵敏度和非线性度，从理论上进行分析比较。经实验验证并阐述理由（注意：实验中的放大器增益必须相同）。

实验二　温度对应变片的影响和电子秤实验

一、实验目的和要求

（1）了解温度对应变片测试系统的影响。

（2）了解应变直流全桥的应用及电路的标定。

二、实验基本理论

（1）电阻应变片的温度影响，主要来自两个方面：敏感栅丝的温度系数；应变栅的线膨胀系数，与弹性体（或被测试件）的线膨胀系数不一致时会产生附加应变。因此当温度变化时，在被测体受力状态不变时，输出会有变化。

（2）常用的称重传感器就是应用了金属箔式应变片及其全桥测量电路。数字电子秤实验原理如图2－1所示。本实验只做放大器输出 U_o 实验，通过对电路的标定使电路输出的电压值为质量对应值，将电压量纲（V）改为质量量纲（g）即成为一台原始电子秤。

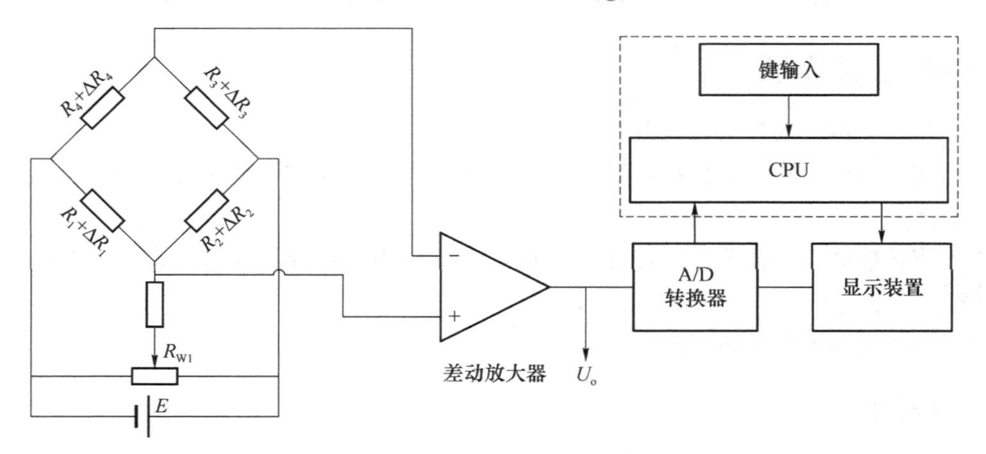

图2－1　数字电子秤原理框图

三、设备仪器、工具及材料

JSCG－2型传感器检测技术实验台主机箱中的±2～±10 V（步进可调）直流稳压电源、±15 V直流稳压电源、电压表；应变传感器实验模板、托盘、砝码、加热器（在实验模板上，已粘贴在应变传感器左下角底部）。

四、步骤和过程

1. 应变片的温度影响实验

（1）按照实验一中全桥性能实验进行实验。

（2）将 200 g 砝码放在托盘上，在数显表上读取并记录电压值 U_{o1}。

（3）将主机箱中直流稳压电源 +5 V、“⊥”接于实验模板的加热器 +5 V、“⊥”插孔上，数分钟后待数显表电压显示基本稳定后，记下读数 U_{ot}，$U_{ot}-U_{o1}$ 即为温度变化的影响。计算这一温度变化产生的相对误差：

$$\delta = \frac{U_{ot}-U_{o1}}{U_{o1}} \times 100\%$$

实验完毕，关闭电源。

2. 应变片直流全桥的应用——电子秤实验

（1）按实验一中（1）～（3）步骤实验。

（2）关闭主机箱电源，按图 1-11（应变片全桥性能实验接线示意图）接线，将 ±2 V～±10 V（步进可调）直流稳压电源调节到 ±4 V 挡。检查接线无误后合上主机箱电源开关，调节实验模板上的桥路平衡电位器 R_{W4}，使主机箱电压表显示为零。

（3）将 10 只砝码全部置于传感器的托盘上，调节电位器 R_{W3}（增益即满量程调节）使数显表显示为 0.200 V（2 V 挡测量）。

（4）拿去托盘上的所有砝码，调节电位器 R_{W1}（零位调节）使数显表显示为 0.000 V。

（5）重复以上（3）～（4）步骤的标定过程，一直到精确为止，把电压量纲 V 改为质量量纲 g，将砝码依次放在托盘上称重；放上笔、钥匙之类的小东西称一下质量。

实验完毕，关闭电源。

五、实验注意事项

（1）接线与拆线前先关闭电源。

（2）将接插线插入插孔，以保证接触良好，切忌用力拉扯接插线尾部，以免造成线内导线断裂。

（3）不要在砝码盘上放置超过 1 kg 的物体，否则容易损坏传感器。

（4）电桥的电压为 ±5 V，绝不可错接成 ±15 V。

六、思考题

（1）温度对金属箔式应变片的影响分几个方面？金属箔式应变片的温度影响有哪些消除方法？

（2）分析什么因素会导致电子秤的非线性误差增大？怎么消除？若要增加输出灵敏度，应采取哪些措施？

实验三　压阻式压力传感器特性实验

一、实验目的和要求

（1）了解扩散硅压阻式压力传感器测量压力的原理和标定方法。

（2）了解应变直流全桥的应用及电路的标定。

二、实验基本理论

扩散硅压阻式压力传感器的工作机理是半导体应变片的压阻效应，在半导体受力变形时会暂时改变晶体结构的对称性，因而改变了半导体的导电机理，使得它的电阻率发生变化，这种物理现象称为半导体的压阻效应 。一般半导体应变片采用 N 型单晶硅为传感器的弹性元件，在它上面直接蒸镀扩散出多个半导体电阻应变薄膜（扩散出 P 型或 N 型电阻条）组成电桥。在压力（压强）作用下弹性元件产生应力，使半导体电阻应变薄膜的电阻率产生很大变化，引起电阻的变化，经电桥转换成电压输出，则其输出电压的变化反映了所受到的压力变化。图 3－1 为压阻式压力传感器压力测量实验原理图。

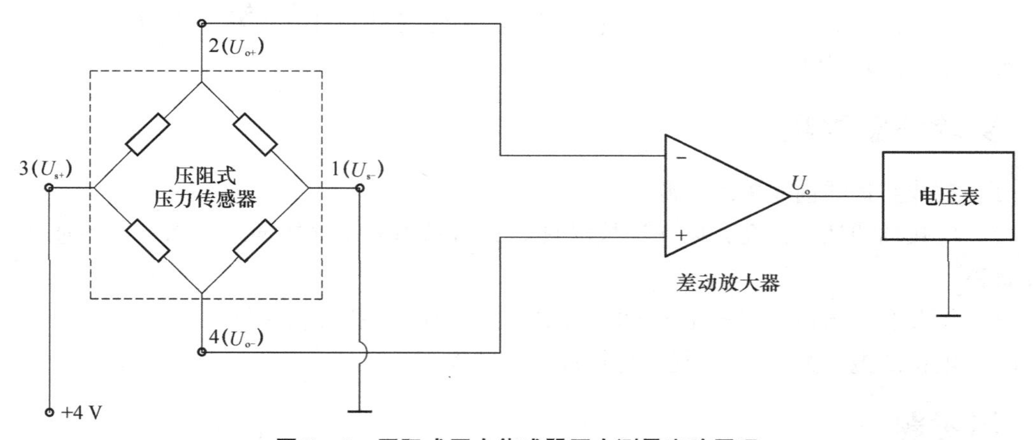

图 3－1　压阻式压力传感器压力测量实验原理

三、设备仪器、工具及材料

JSCG－2 型传感器检测技术实验台主机箱中的气压表、气源接口、电压表、±15 V 直流稳压电源、±2～±10 V（步进可调）直流稳压电源；压阻式压力传感器、压力传感器实验模板、引压胶管。

四、步骤和过程

（1）按图 3－2 示意图安装传感器、连接引压胶管和电路。将压力传感器安装在压力传感器实验模板的传感器支架上；引压胶管一端插入主机箱面板上的气源的快速接口中（注意管子拆卸时请用双指按住气源快速接口边缘往内压，则可轻松拉出），另一端口与压力传感器相连；压力传感器引线为 4 芯线（专用引线），压力传感器的 1 端接地，2 端为输出 U_{o+}，3 端接电源 +4 V，4 端为输出 U_{o-}。具体接线见图 3－2。

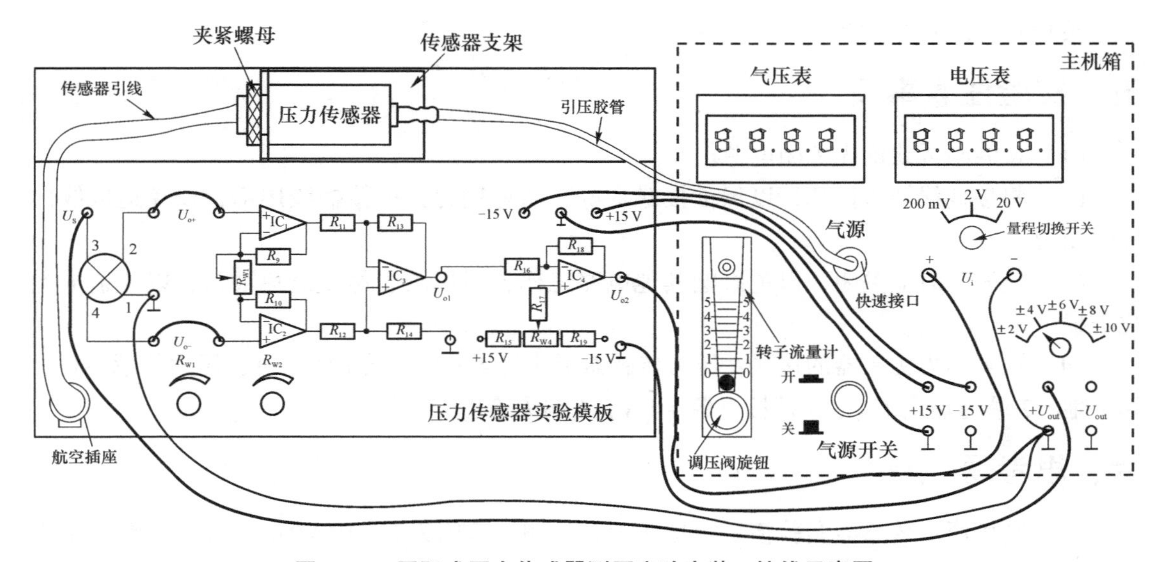

图 3－2　压阻式压力传感器测压实验安装、接线示意图

（2）将主机箱中电压表量程切换开关切到 2 V 挡；将 ±2 ~ ±10 V（步进可调）直流稳压电源调节到 ±4 V 挡。实验模板上 R_{W1} 用于调节放大器增益、R_{W2} 用于调零，将 R_{W1} 调节到 1/3 位置（即逆时针旋到底再顺时针旋 3 圈）。合上主机箱电源开关，仔细调节 R_{W2} 使主机箱电压表显示为零。

（3）合上主机箱上的气源开关，启动压缩泵，逆时针旋转转子流量计下端调压阀旋钮，此时可看到转子流量计中的滚珠在向上浮起悬于玻璃管中，同时观察气压表和电压表的变化。

（4）调节转子流量计旋钮，使气压表显示某一值，观察电压表显示的数值。

（5）仔细地逐步调节转子流量计旋钮，使压力在 2 ~ 13 kPa 之间变化（气压表显示值），每上升 1 kPa 气压分别读取电压表读数，将数值填入表 3－1 中。

表 3－1　压阻式压力传感器测压实验数据

P/kPa										
$U_{o(p-p)}$/V										

（6）画出本实验的数据曲线，并计算本系统的灵敏度和非线性误差。

（7）如果本实验装置要成为一个压力计，则必须对电路进行标定，其方法采用逼近法：输入4 kPa气压，调节R_{W2}（低限调节），使电压表显示0.3 V（有意偏小），当输入16 kPa气压时，调节R_{W1}（高限调节）使电压表显示1.3 V（有意偏小）；再调节气压为4 kPa，调节R_{W2}（低限调节），使电压表显示0.35 V（有意偏小），调节气压为16 kPa，调节R_{W1}（高限调节）使电压表显示1.4 V（有意偏小）。重复这个过程，反复调节，直到逼近自己的要求（4 kPa对应0.4 V，16 kPa对应1.6 V）即可。

实验完毕，关闭电源。

五、实验注意事项

（1）接线与拆线前先关闭电源。

（2）将接插线插入插孔，以保证接触良好，切忌用力拉扯接插线尾部，以免造成线内导线断裂。

（3）气源平时应关闭，以免影响其他电路工作，引压胶管尽量避免油污，以免造成老化破损。

（4）注意压力传感器的接法：压力传感器引线为4芯线（专用引线），压力传感器的1端接地，2端为输出U_{o+}，3端接电源+4 V，4端为输出U_{o-}。

六、思考题

（1）利用压力传感器实验模板模拟压力计，测量范围为2～18 kPa。（提示：参考本次实验，自己组织实验，关键在于实验电路的标定。）

（2）根据实验现象，压力越大，电压值如何变化？分析变化的原理。

实验四　差动变压器的性能实验

一、实验目的和要求

（1）了解差动变压器的基本结构及工作原理。

（2）通过实验验证差动变压器的基本特性。

（3）熟悉测微头的使用方法。

二、实验基本理论

1. 差动变压器的工作原理——电磁互感原理

差动变压器的结构如图 4 - 1 所示，由一个一次绕组和两个二次绕组及一个衔铁组成。差动变压器一、二次绕组间的耦合能随衔铁的移动而变化，即绕组间的互感随被测位移改变而变化。由于把两个二次绕组反向串接（*同名端相接），以差动电动势输出，所以把这种传感器称为差动变压器式电感传感器，通常简称差动变压器。

当差动变压器工作在理想情况时（忽略涡流损耗、磁滞损耗和分布电容等影响），它的等效电路如图 4 - 2 所示。图中 $\dot{U}_1$ 为一次绕组激励电压；M_1、M_2 分别为一次绕组与两个二次绕组间的互感；L_1、R_1 分别为一次绕组的电感和有效电阻；L_{21}、L_{22} 分别为两个二次绕组的电感；R_{21}、R_{22} 分别为两个二次绕组的有效电阻。对于差动变压器，当衔铁处于中间位置时，两个二次绕组互感相同，因而由一次侧激励引起的感应电动势相同。由于两个二次绕组反向串接，所以差动输出电动势为零。当衔铁移向二次绕组 L_{21}，这时互感 M_1 大，M_2 小，因而二次绕组 L_{21} 内感应电动势大于二次绕组 L_{22} 内感应电动势，这时差动输出电动势不为零。在传感器的量程内，衔铁位移越大，差动输出电动势就越大。同样道理，当衔铁向二次绕组 L_{22} 一边移动时差动输出电动势仍不为零，但由于移动方向改变，所以输出电动势反相。因此通过差动变压器输出电动势的大小和相位可以知道衔铁位移量的大小和方向。

由图 4 - 2 可以看出一次绕组的电流为：

$$\dot{I}_1 = \frac{\dot{U}_1}{R_1 + j\omega L_1}$$

二次绕组的感应电动势为：

$$\dot{E}_{21} = -j\omega M_1 \dot{I}_1; \quad \dot{E}_{22} = -j\omega M_2 \dot{I}_1$$

由于二次绕组反向串接，所以输出总电动势为：

$$\dot{E}_2 = -j\omega(M_1 - M_2)\frac{\dot{U}_1}{R_1 + j\omega L_1}$$

其有效值为：

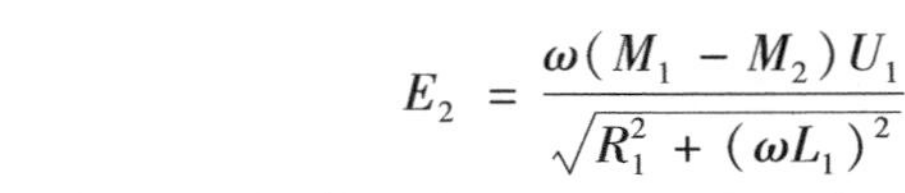

$$E_2=\frac{\omega(M_1-M_2)U_1}{\sqrt{R_1^2+(\omega L_1)^2}}$$

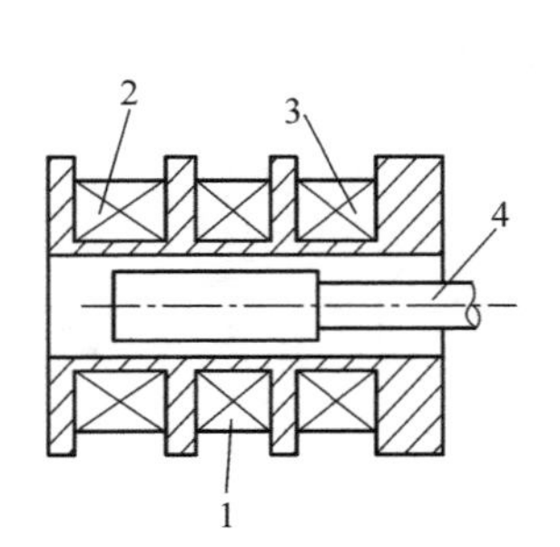

图 4－1　差动变压器的结构示意图

1——一次绕组；2、3—二次绕组；4—衔铁

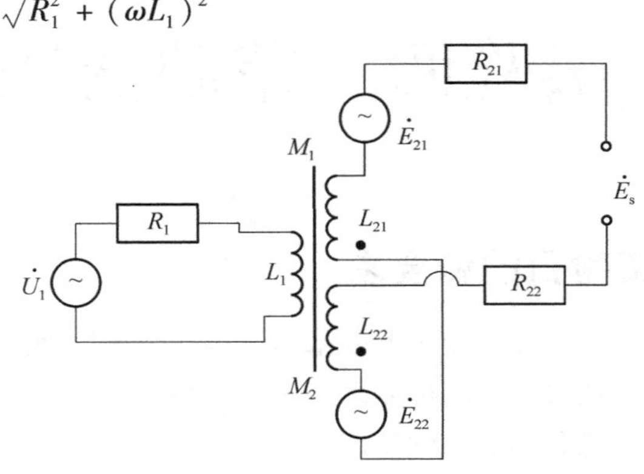

图 4－2　差动变压器的等效电路图

差动变压器的输出特性曲线如图 4－3所示。图中 $\dot{E}_{21}$、$\dot{E}_{22}$分别为两个二次绕组的输出感应电动势，$\dot{E}_2$ 为差动输出电动势，x 表示衔铁偏离中心位置的距离。其中 $\dot{E}_2$ 的实线表示理想的输出特性，而虚线部分表示实际的输出特性。$\dot{E}_0$ 为零点残余电动势，这是由于差动变压器制作上的不对称以及铁芯位置等因素所造成的。零点残余电动势的存在，使得传感器的输出特性在零点附近不灵敏，给测量带来误差，此值的大小是衡量差动变压器性能好坏的重要指标。为了减小零点残余电动势可采取以下方法：

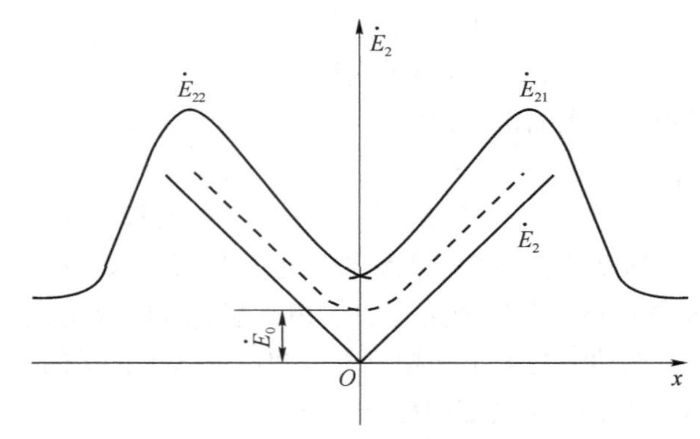

图 4－3　差动变压器输出特性

（1）尽可能保证传感器几何尺寸、线圈电气参数及磁路的对称。磁性材料要经过处理，消除内部的残余应力，使其性能均匀稳定。

（2）选用合适的测量电路，如采用相敏整流电路。既可判别衔铁移动方向又可改善输出特性，减小零点残余电动势。

（3）采用补偿线路减小零点残余电动势。图 4－4 是其中典型的几种减小零点残余电动势的补偿电路。在差动变压器的线圈中串、并适当数值的电阻电容元件，当调整 R_{W1}、R_{W2}

时，可使零点残余电动势减小。

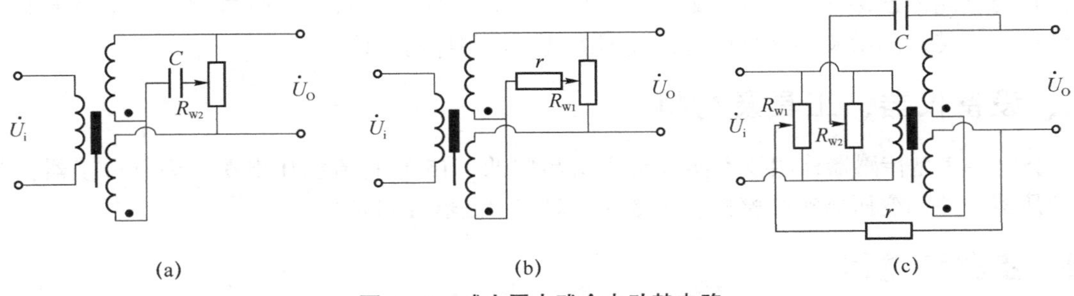

图 4－4　减小零点残余电动势电路

2. 测微头的组成与使用

测微头的组成和读数如图 4－5 所示。

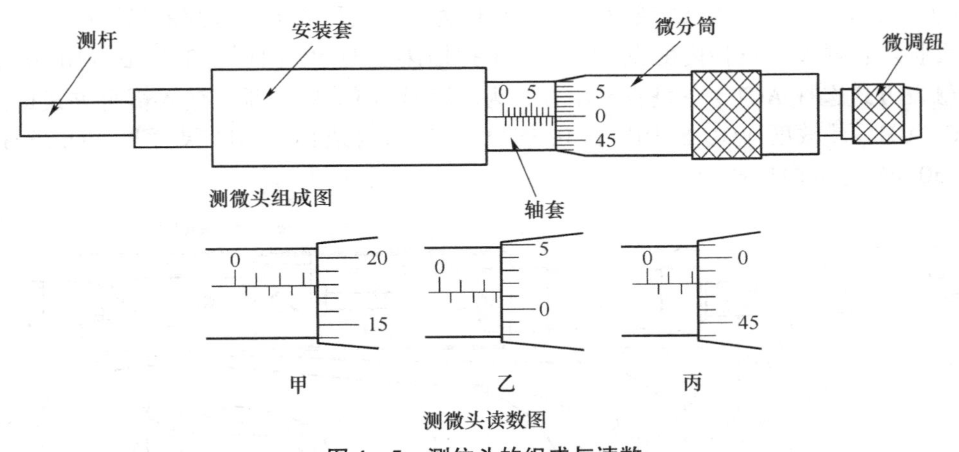

图 4－5　测位头的组成与读数

测微头的组成：测微头由不可动部分的安装套、轴套和可动部分的测杆、微分筒、微调钮组成。

测微头的读数与使用：测微头的安装套便于在支架座上固定安装，轴套上的主尺有两排刻度线，标有数字的是整毫米刻线（1 mm/格），另一排是半毫米刻线（0.5 mm/格）；微分筒前部圆周表面上刻有 50 等分的刻线（0.01 mm/格）。

用手旋转微分筒或微调钮时，测杆就沿轴线方向进退。微分筒每转过 1 格，测杆沿轴方向移动微小位移 0.01 mm，这也叫测微头的分度值。

测微头的读数方法是先读轴套主尺上露出的刻度数值，注意半毫米刻线；再读与主尺横线对准微分筒上的数值，可以估读 1/10 分度。图 4－5 中甲读数为 3.678 mm，不是3.178 mm；遇到微分筒边缘前端与主尺上某条刻线重合时，应看微分筒的示值是否过零。图 4－5 中乙已过零，则读数为 2.514 mm；图 4－5 中丙未过零，则不应读为 2 mm，读数应为 1.980 mm。

测微头的使用：测微头在实验中是用来产生位移并指示出位移量的工具。一般测微头在使用前，首先转动微分筒到 10 mm 处（为了保留测杆轴向前、后位移的余量），再将测微头轴套上的主尺横线面向自己安装到专用支架座上，移动测微头的安装套（测微头整体移动）使测杆与被测体连接并使被测体处于合适位置（视具体实验而定）时再拧紧支架座上的紧固螺钉。当转动测微头的微分筒时，被测体就会随测杆而位移。

三、设备仪器、工具及材料

JSCG－2 型传感器检测技术实验台主机箱中的 ±15 V 直流稳压电源、音频振荡器；差动变压器、差动变压器实验模板、测微头、双踪示波器（自备）。

四、步骤和过程

（1）差动变压器、测微头及实验模板按图 4－6 示意图进行安装、接线。实验模板中的 L_1 为差动变压器的初级线圈，L_2、L_3 为次级线圈，* 号为同名端。L_1 的激励电压必须从主机箱中音频振荡器的 Lv 端子引入。检查接线无误后合上主机箱电源开关，调节音频振荡器的频率为 4～5 kHz、幅度为峰峰值 $U_{p-p}=2$ V 作为差动变压器初级线圈的激励电压（双踪示波器设置提示：触发源选择内触发 CH1、水平扫描速度 TIME/DIV 在 0.1 mS～10 μS 范围内选择、触发方式选择 AUTO 。垂直显示方式为双踪显示 DUAL、垂直输入耦合方式选择交流耦合 AC、CH1 灵敏度 VOLTS/DIV 在 0.5～1 V 范围内选择、CH2 灵敏度 VOLTS/DIV 在 0.1 V～50 mV 范围内选择）。

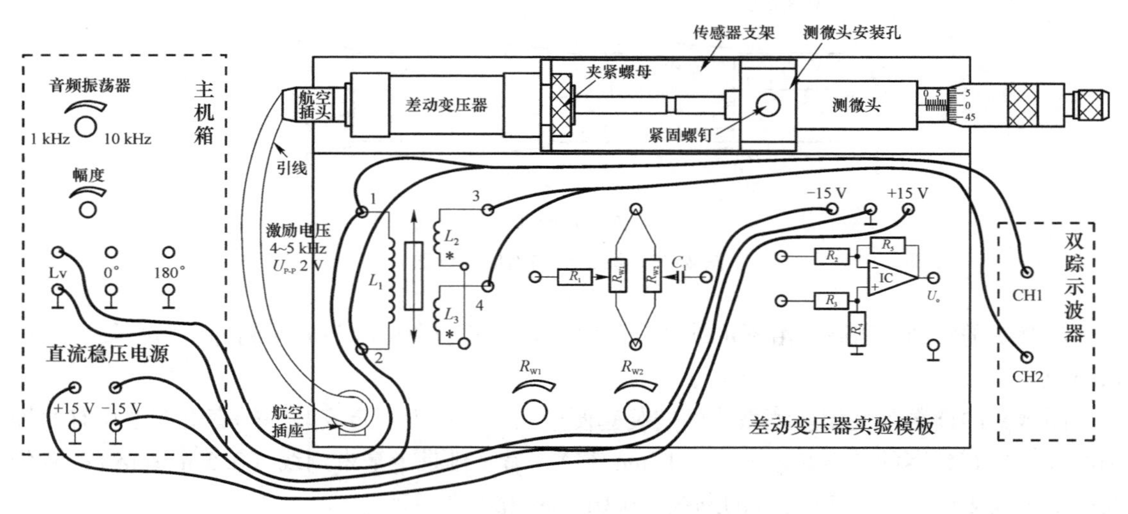

图 4－6　差动变压器性能实验安装、接线示意图

（2）差动变压器的性能实验：使用测微头时，当来回调节微分筒使测杆产生位移的过程中本身存在机械回程差，为消除这种机械回程差可用如下两种方法实验，建议用第二种方法，因为可以检测到差动变压器零点残余电压附近的死区范围。

第一种方法：调节测微头的微分筒（0.01 mm/格），使微分筒的 0 刻度线对准轴套的 10 mm刻度线。松开安装测微头的紧固螺钉，移动测微头的安装套使双踪示波器第二通道显示的波形 U_{p-p}（峰峰值）为较小值（越小越好，变压器铁芯大约处在中间位置）时，拧紧紧固螺钉。仔细调节测微头的微分筒使示波器第二通道显示的波形 U_{p-p}为最小值（零点残余电压）并定为位移的相对零点。这时可假设其中一个方向为正位移，另一个方向为负位移，从 U_{p-p}最小开始旋动测微头的微分筒，每隔 $\Delta X=0.2$ mm（可取 30 点值）从双踪示波器上读出输出电压 U_{p-p}值，填入表 4－1 中，再将测微头位移退回到 U_{p-p}最小处开始反方向（也取 30 点值）做相同的位移实验。

在实验过程中请注意：

①从 U_{p-p}最小处决定位移方向后，测微头只能按所定方向调节位移，中途不允许回调，否则，由于测微头存在机械回程差而引起位移误差；所以，实验时每点位移量须仔细调节，绝对不能调节过量，如过量则只好剔除这一点粗大误差继续做下一点实验或者回到零点重新做实验。

②当一个方向行程实验结束，做另一方向时，测微头回到 U_{p-p}最小处时它的位移读数有变化（没有回到原来起始位置）是正常的，做实验时位移取相对变化量 ΔX 为定值，与测微头的起始点定在哪一根刻度线上没有关系，只要中途测微头微分筒不回调就不会引起机械回程误差。

第二种方法：调节测微头的微分筒（0.01 mm/格），使微分筒的 0 刻度线对准轴套的 10 mm刻度线。松开安装测微头的紧固螺钉，移动测微头的安装套使双踪示波器第二通道显示的波形 U_{p-p}（峰峰值）为较小值（越小越好，变压器铁芯大约处在中间位置）时，拧紧紧固螺钉，再顺时针方向转动测微头的微分筒 12 圈，记录此时的测微头读数和双踪示波器 CH2 通道显示的波形 U_{p-p}（峰峰值）值为实验起点值。以后，反方向（逆时针方向）调节测微头的微分筒，每隔 $\Delta X=0.2$ mm（可取 60～70 点值）从双踪示波器上读出输出电压 U_{p-p}值，并填入表 4－1（这样单行程位移方向做实验可以消除测微头的机械回程差）。

（3）根据表 4－1 的数据画出 $\Delta X-U_{p-p}$曲线并找出差动变压器的零点残余电压。

实验完毕，关闭电源。

表 4－1　差动变压器性能实验数据

ΔX/mm										
U_{p-p}/mV										

五、实验注意事项

（1）接线与拆线前先关闭电源。

（2）将接插线插入插孔，以保证接触良好，切忌用力拉扯接插线尾部，以免造成线内导线断裂。

（3）在差动变压器的性能实验中，双踪示波器第二通道 CH2 为悬浮工作状态。

六、思考题

（1）试分析差动变压器与一般电源变压器的异同？

（2）用直流电压激励会损坏传感器，为什么？

（3）如何理解差动变压器的零点残余电压？用什么方法可以减小零点残余电压？

实验五　差动变压器的激励频率和零点残余电压补偿实验

一、实验目的和要求

（1）了解初级线圈激励频率对差动变压器输出性能的影响。

（2）了解差动变压器零点残余电压概念及补偿方法。

二、实验基本理论

（1）差动变压器的输出电压有效值的近似关系式为：

$$U_o = \frac{\omega(M_1 - M_2)U_i}{\sqrt{R_p^2 + \omega^2 L_p^2}}$$

式中，L_p、R_p 为初级线圈电感和损耗电阻；U_i、ω 为激励电压和频率；M_1、M_2 为初级与两次级间的互感系数。由该关系式可以看出，当初级线圈激励频率太低时，若 $R_P^2 > \omega^2 L_P^2$，则输出电压 U_o 受频率变动影响较大，且灵敏度较低，只有当 $\omega^2 L_P^2 \gg R_P^2$ 时输出 U_o 与 ω 无关，当然 ω 过高会使线圈寄生电容增大，对性能稳定不利。

（2）由于差动变压器两次级线圈的等效参数不对称、初级线圈纵向排列的不均匀性、铁芯 $B-H$ 特性的非线性等，造成铁芯（衔铁）无论处于线圈的什么位置其输出电压并不为零，其最小输出值称为零点残余电压。在实验四（差动变压器的性能实验）中已经得到了零点残余电压，用差动变压器测量位移时一般要对其零点残余电压进行补偿。本实验采用实验四基本原理中图 4－4（c）补偿线路减小零点残余电压。

三、设备仪器、工具及材料

JSCG－2 型传感器检测技术实验台主机箱中的 ±15 V 直流稳压电源、音频振荡器；差动变压器、差动变压器实验模板、测微头、双踪示波器（自备）。

四、步骤和过程

1. 激励频率对差动变压器特性的影响

（1）差动变压器及测微头的安装、接线同实验四，参见图 4－6。

（2）检查接线无误后，合上主机箱电源开关，调节主机箱音频振荡器 Lv 的输出频率为 1 kHz、幅度为 $U_{p-p}=2$ V（用双踪示波器监测）。调节测微头微分筒使差动变压器的铁芯处于线圈中心位置即输出信号最小时（用双踪示波器监测 U_{p-p} 最小时）的位置。

（3）调节测微头位移量 ΔX 为 2.50 mm，差动变压器有某个较大的 U_{p-p} 输出。

（4）在保持位移量不变的情况下改变激励电压的频率（利用音频振荡器）从 1～9 kHz（激励电压幅值保持 2 V 不变）时测量差动变压器的相应输出的 U_{p-p} 值，并填入表 5－1 中。

表 5－1　差动变压器激励频率实验数据

F/kHz	1	2	3	4	5	6	7	8	9
U_{p-p}									

（5）作出幅频（$F-U_{p-p}$）特性曲线。

实验完毕，关闭电源。

2. 零点残余电压补偿实验

（1）根据图 5－1 接线，差动变压器原边激励电压从音频振荡器的 Lv 插口引入，实验模板中的 R_1、C_1、R_{W1}、R_{W2} 为交流电桥调平衡网络。

（2）检查接线无误后合上主机箱电源开关，用示波器 CH1 通道监测并调节主机箱音频振荡器 Lv 输出频率为 4～5 kHz、幅值为 2 V 峰峰值的激励电压。

（3）调整测微头，使放大器输出电压（用双踪示波器 CH2 通道监测）最小。

（4）依次交替调节 R_{W1}、R_{W2}，使放大器输出电压进一步降至最小。

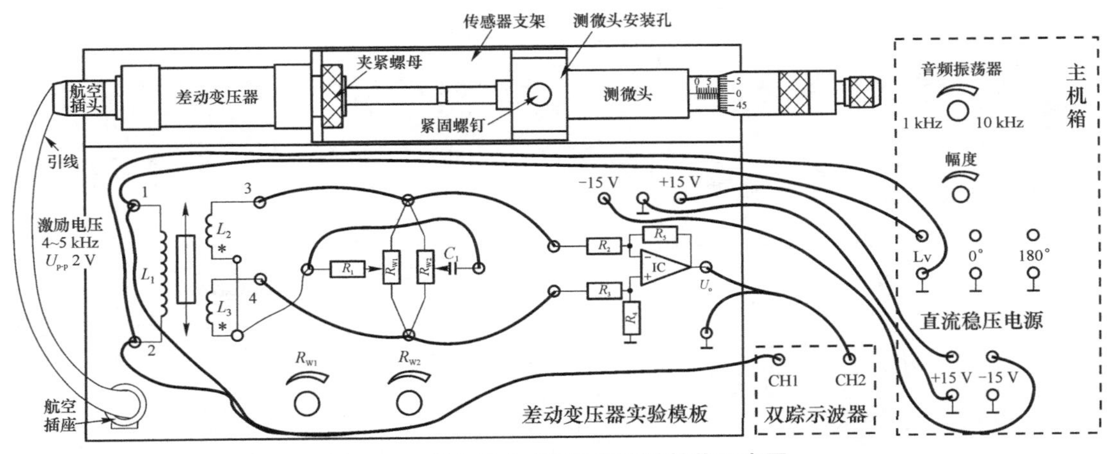

图 5－1　零点残余电压补偿实验接线示意图

（5）从双踪示波器上观察（注：这时的零点残余电压是经放大后的零点残余电压，所以经补偿后的零点残余电压 $U_{零点p-p}=\dfrac{U_o}{K}$，其中 K 是放大倍数，为 7 左右），差动变压器的零点残余电压值（峰峰值）与实验四（差动变压器的性能实验）中的零点残余电压比较是否小很多。

实验完毕，关闭电源。

五、实验注意事项

（1）接线与拆线前先关闭电源。

（2）将接插线插入插孔，以保证接触良好，切忌用力拉扯接插线尾部，以免造成线内导线断裂。

（3）在差动变压器的性能实验中，示波器第二通道 CH2 为悬浮工作状态。

六、思考题

请分析经过补偿后的零点残余电压波形。

实验六　差动变压器和电容传感器的位移测量实验

一、实验目的和要求

（1）了解差动变压器测位移时的应用方法。

（2）了解电容传感器的结构及其特点。

二、实验基本理论

1. 差动变压器测位移原理

差动变压器的工作原理可参阅实验四（差动变压器的性能实验）。差动变压器在应用时要想法消除零点残余电动势和死区，选用合适的测量电路，如采用相敏检波电路，既可判别衔铁移动（位移）方向又可改善输出特性，消除测量范围内的死区。图 6－1 是差动变压器测位移原理框图。

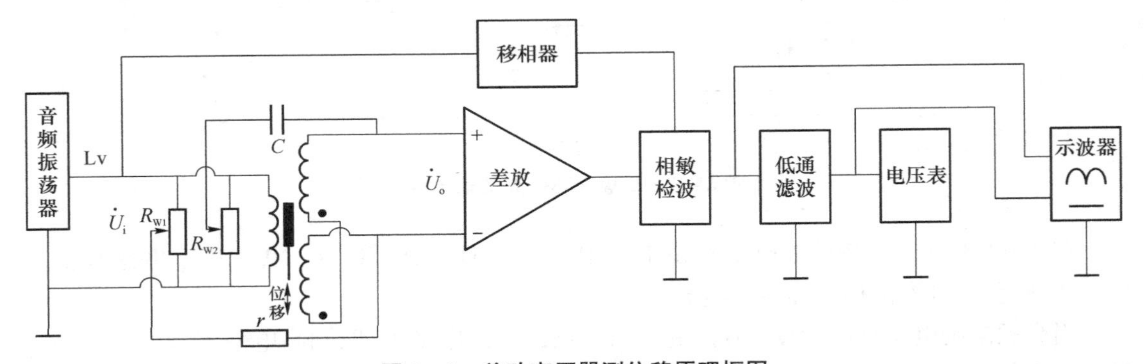

图 6－1　差动变压器测位移原理框图

2. 电容传感器测位移原理

原理简述：电容传感器是以各种类型的电容器为传感元件，将被测物理量转换成电容量的变化来实现测量的。电容传感器的输出是电容的变化量。利用电容 $C=\varepsilon A/d$ 关系式通过相应的结构和测量电路，可以选择 ε、A、d 三个参数中保持两个参数不变，而只改变其中一个参数，这样可以做成测干燥度（ε 变）、测位移（d 变）和测液位（A 变）等多种电容传感器。电容传感器极板形状分成平板、圆板形和圆柱（圆筒）形，虽还有球面形和锯齿形等其他的形状，但一般很少用。本实验采用的传感器为圆筒式变面积差动结构的电容式位移传感器，差动式一般优于单组（单边）式的传感器。它灵敏度高、线性范围宽、稳定性高。如图6－2所示，它由两个圆筒和一个圆柱组成。设圆筒的半径为R，圆柱的半径为r，圆柱的长为X，则电容量为$C=\varepsilon_2\pi X/\ln(R/r)$。图中$C_1$、$C_2$是差动连接，当图中的圆柱产生$\Delta X$位移时，电容量的变化量为$\Delta C=C_1-C_2=2\varepsilon_2\pi\Delta X/\ln(R/r)$，式中$\varepsilon_2$、$\ln(R/r)$为常数，说明$\Delta C$与$\Delta X$位移成正比，配上配套测量电路就能测量位移。

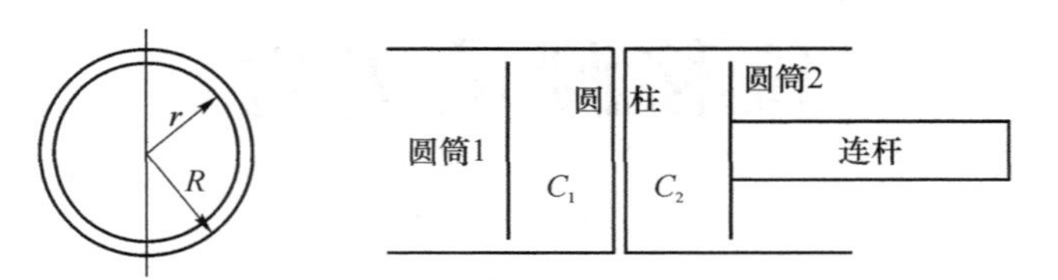

图6－2　实验所用电容传感器的结构

（1）测量电路（电容变换器）：测量电路画在实验模板的面板上。其电路的核心部分是图6－3的二极管环路充放电电路。

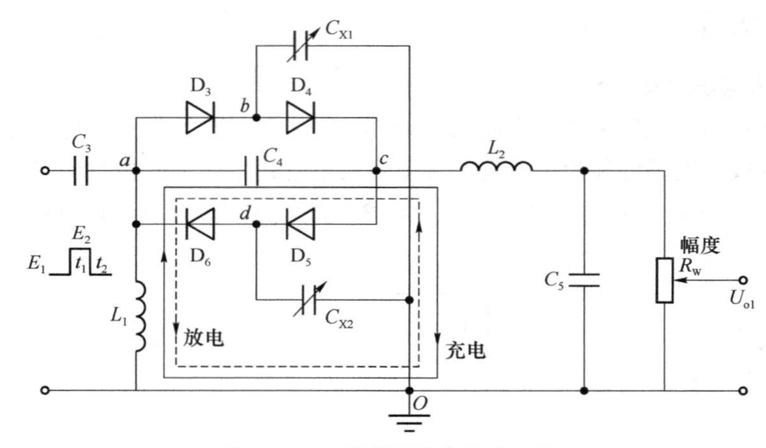

图6－3　二极管环路充放电电路

在图6－3中，环路充放电电路由D_3、D_4、D_5、D_6二极管，C_4电容，L_1电感和C_{X1}、C_{X2}（实验差动电容位移传感器）组成。

当高频激励电压（$f>100$ kHz）输入到a点，由低电平E_1跃到高电平E_2时，电容C_{X1}和C_{X2}两端电压均由E_1充到E_2。充电电荷一路由a点经D_3到b点，再对C_{X1}充电到O点（地）；另一路由a点经C_4到c点，再经D_5到d点对C_{X2}充电到O点。此时，D_4和D_6由于反偏置而截止。在t_1充电时间内，由a到c点的电荷量为：

$$Q_1=C_{X2}(E_2-E_1) \tag{6-1}$$

当高频激励电压由高电平E_2返回到低电平E_1时，电容C_{X1}和C_{X2}均放电。C_{X1}经b点、D_4、c点、C_4、a点、L_1放电到O点；C_{X2}经d点、D_6、L_1放电到O点。在t_2放电时间内由c点到a点的电荷量为：

$$Q_2=C_{X1}(E_2-E_1) \tag{6-2}$$

当然，式（6－1）和式（6－2）是在C_4电容值远远大于传感器的C_{X1}和C_{X2}电容值的前提下得到的结果。电容C_4的充放电回路由图6－3中实线、虚线箭头所示。

在一个充放电周期内（$T=t_1+t_2$），由 c 点到 a 点的电荷量为：

$$Q = Q_2 - Q_1 = (C_{X1} - C_{X2})(E_2 - E_1) = \Delta C_X \Delta E \tag{6-3}$$

式中，C_{X1} 与 C_{X2} 的变化趋势是相反的（由传感器的结构决定的，是差动式）。

设激励电压频率 $f = 1/T$，则流过 ac 支路输出的平均电流 i 为：

$$i = fQ = f\Delta C_X \Delta E \tag{6-4}$$

式中，ΔE 为激励电压幅值；ΔC_X 为传感器的电容变化量。

由式(6－4)可看出：f、ΔE 一定时，输出平均电流 i 与 ΔC_X 成正比，此输出平均电流 i 经电路中的电感 L_2、电容 C_5 滤波变为直流 I 输出，再经 R_W 转换成电压输出，$U_{o1} = IR_W$。由传感器原理已知 ΔC 与 ΔX 位移成正比，所以通过测量电路的输出电压 U_{o1} 就可知 ΔX 位移。

（2）电容式位移传感器实验原理方块图，如图 6－4 所示。

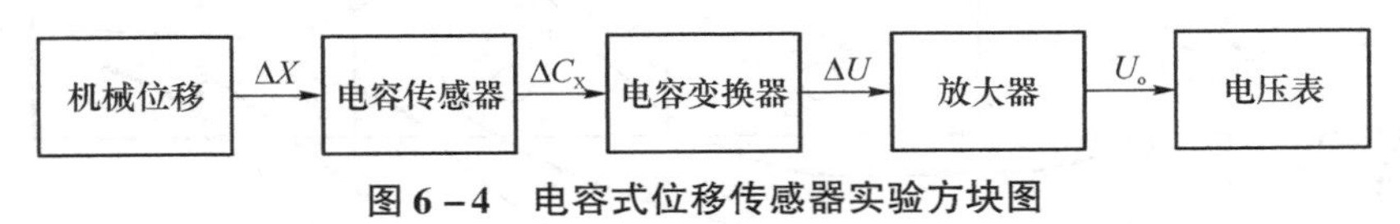

图 6－4　电容式位移传感器实验方块图

三、设备仪器、工具及材料

JSCG－2 型传感器检测技术实验台主机箱中的 ±2 ~ ±10 V（步进可调）直流稳压电源、±15 V 直流稳压电源、音频振荡器、电压表；差动变压器、差动变压器实验模板、移相器/相敏检波器/低通滤波器实验模板；测微头、双踪示波器（自备）；电容传感器、电容传感器实验模板。

四、步骤和过程

1. 差动变压器测位移实验

（1）相敏检波器电路调试：将主机箱的音频振荡器的幅度调到最小（将幅度旋钮逆时针轻轻转到底），将 ±2 ~ ±10 V（步进可调）直流电源调节到 ±2 V 挡，再按图 6－5 示意图接线，检查接线无误后合上主机箱电源开关，调节音频振荡器频率 $f=5$ kHz，峰峰值 $U_{p-p}=5$ V（用双踪示波器测量。提示：正确选择双踪示波器的“触发”方式及其他设置，触发源选择内触发 CH1、水平扫描速度 TIME/DIV 在 0.1 ms ~ 10 μs 范围内选择、触发方式选择 AUTO；垂直显示方式为双踪显示 DUAL、垂直输入耦合方式选择直流耦合 DC、灵敏度 VOLTS/DIV 在 1 ~ 5 V 范围内选择。当 CH1、CH2 输入对地短接时移动光迹线居中后再去测量波形。）。调节相敏检波器的电位器钮使双踪示波器显示幅值相等、相位相反的两个波形。到此，相敏检波器电路已调试完毕，以后不要触碰这个电位器钮。关闭电源。

（2）调节测微头的微分筒，使微分筒的 0 刻度值与轴套上的 10 mm 刻度值对准。按图 6－6示意图安装、接线。将音频振荡器幅度调节到最小（将幅度旋钮逆时针轻轻转到底）；将电压表的量程切换开关切到 20 V 挡。检查接线无误后合上主机箱电源开关。

（3）调节音频振荡器频率 $f=5$ kHz、幅值 $U_{p-p}=2$ V（用双踪示波器监测）。

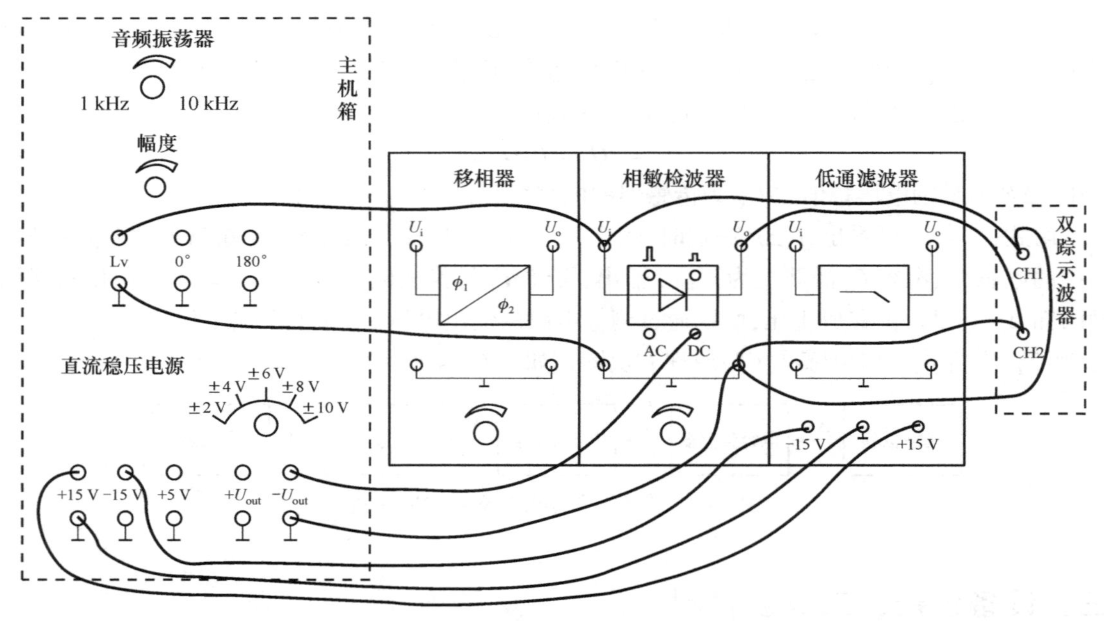

图 6－5 相敏检波器电路调试接线示意图

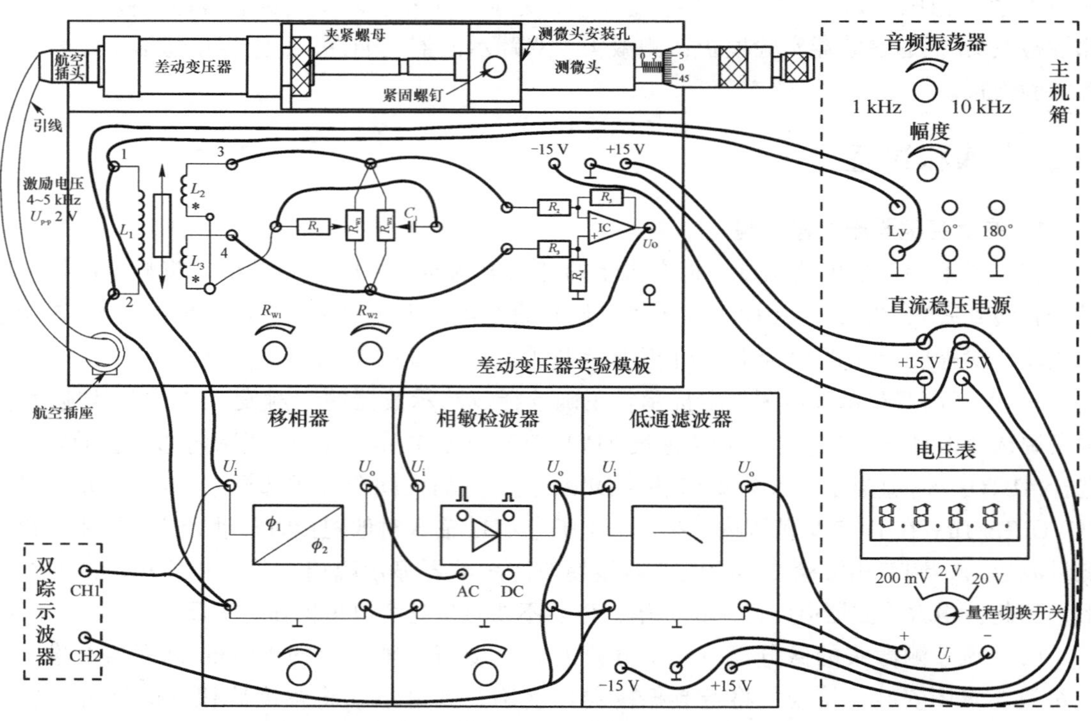

图 6－6 差动变压器测位移实验的安装、接线示意图

(4) 松开测微头安装孔上的紧固螺钉。顺着差动变压器衔铁的位移方向移动测微头的安装套(左、右方向都可以),使差动变压器衔铁明显偏离 L_1 初级线圈的中点位置,再调节移相器的移相电位器使相敏检波器输出为全波整流波形(双踪示波器 CH2 的灵敏度 VOLTS/DIV 在 1~50 mV 范围内选择监测)。再慢慢地仔细移动测微头的安装套,使相敏检波器输出波形幅值尽量为最小(尽量使衔铁处在 L_1 初级线圈的中点位置)并拧紧测微头安装孔的紧固螺钉。

(5) 调节差动变压器实验模板中的 R_{W1}、R_{W2}(二者配合交替调节)使相敏检波器输出波形趋于水平线(可相应调节双踪示波器量程挡观察)并且电压表显示趋于 0 V。

(6) 调节测微头的微分筒,每隔 $\Delta X = 0.2$ mm 从电压表上读取低通滤波器输出的电压值,并填入表 6-1 中。

表 6-1　差动变压器测位移实验数据

ΔX/mm			…	-0.2	0	0.2	…		
U/mV					0				

(7) 根据表 6-1 数据作出实验曲线并截取线性比较好的线段计算灵敏度 $S = \Delta U/\Delta X$ 与线性度及测量范围。

实验完毕,关闭电源。

2. 电容传感器测位移实验

(1) 按图 6-7 示意图进行安装、接线。

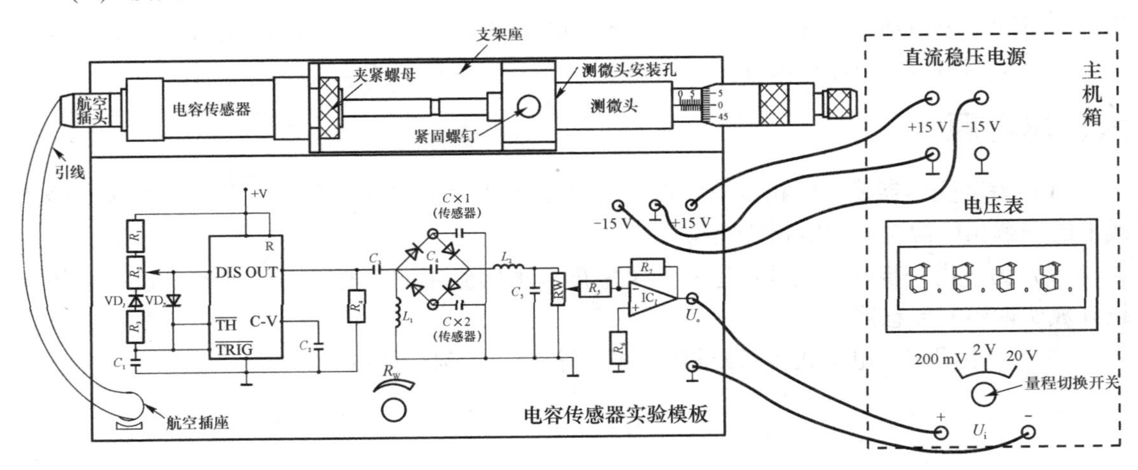

图 6-7　电容传感器测位移实验的安装、接线示意图

(2) 将电容传感器实验模板上的 R_W 调节到中间位置(方法:逆时针转到底再顺时针转 3 圈)。

(3) 将主机箱上的电压表量程切换开关打到 2 V 挡,检查接线无误后合上主机箱电源开关,旋转测微头改变电容传感器的动极板位置使电压表显示 0 V,再转动测微头(同一个方向)6 圈,记录此时的测微头读数和电压表显示值为实验起点值。以后,反方向每转动测微头1圈即 $\Delta X=0.5$ mm 位移读取电压表读数（这样转12圈读取相应的电压表读数），将数据填入表6－2中（这样单行程位移方向做实验可以消除测微头的回程差）。

表6－2　电容传感器测位移实验数据

ΔX/mm										
U/mV										

（4）根据表6－2数据作出 $\Delta X-U$ 实验曲线并截取线性比较好的线段计算灵敏度 $S=\Delta U/\Delta X$ 和非线性误差 δ 及测量范围。

实验完毕，关闭电源。

五、实验注意事项

（1）接线与拆线前先关闭电源。

（2）将接插线插入插孔，以保证接触良好，切忌用力拉扯接插线尾部，以免造成线内导线断裂。

（3）电容动片与两定片之间的片间距离须相等，必要时可稍做调整。位移和振动时均应避免擦片现象，否则会造成输出信号突变。

（4）如果差动放大器输出端用双踪示波器观察到波形中有杂波，请将电容变换器增益进一步减小。

（5）由于悬臂梁弹性恢复滞后，进行反相采集时测微仪虽然回到起始位置，但系统输出电压可能并不回到零，此时可反向旋动测微仪使输出电压过零后再回到起始位置，反复几次，待系统输出为零后进行反方向采集。

六、思考题

（1）差动变压器输出经相敏检波器检波后是否消除了零点残余电压和死区？从实验曲线上能理解相敏检波器的鉴相特性吗？

（2）为了进一步提高电容传感器的灵敏度，本实验用的传感器可作何改进设计？如何设计成所谓容栅传感器？

（3）与电阻式、电感式传感器相比，电容传感器有何优缺点？

实验七　光纤传感器、线性霍尔传感器的位移测量实验

一、实验目的和要求

（1）了解光纤位移传感器的工作原理和性能。

（2）了解线性霍尔传感器的原理与应用。

二、实验基本理论

1. 光纤传感器测位移的工作原理

光纤传感器是利用光纤的特性研制而成的传感器。光纤具有很多优异的性能，例如：抗电磁干扰和原子辐射的性能，径细、质软、质量轻的机械性能，绝缘、无感应的电气性能，耐水、耐高温、耐腐蚀的化学性能等，它能够在人达不到的地方（如高温区），或者对人有害的地区（如核辐射区），起到人的“耳目”的作用，而且还能超越人的生理界限，接收人的感官所感受不到的外界信息。

光纤传感器主要分为两类：功能型光纤传感器及非功能型光纤传感器（也称为物性型和结构型）。功能型光纤传感器利用对外界信息具有敏感能力和检测功能的光纤，构成“传”和“感”合为一体的传感器。这里光纤不仅起传光的作用，而且还起敏感作用。工作时利用检测量去改变描述光束的一些基本参数，如光的强度、相位、偏振、频率等，它们的改变反映了被测量的变化。由于对光信号的检测通常使用光电二极管等光电元件，所以光的那些参数的变化，最终都要被光接收器接收并被转换成光强度及相位的变化。这些变化经信号处理后，就可得到被测的物理量。应用光纤传感器的这种特性可以实现力、压力、温度等物理参数的测量。非功能型光纤传感器主要是利用光纤对光的传输作用，由其他敏感元件与光纤信息传输回路组成测试系统，光纤在此仅起传输作用。

本实验采用的是传光型光纤位移传感器，它由两束光纤混合后，组成“Y”形光纤，呈半圆分布即双 D 分布，一束光纤端部与光源相接用于发射光束，另一束端部与光电转换器相接用于接收光束。两光束混合后的端部是工作端亦称探头，它与被测体相距 d，由光源发出的光纤传到端部出射后再经被测体反射回来，另一束光纤接收光信号由光电转换器转换成电量，如图 7－1所示。

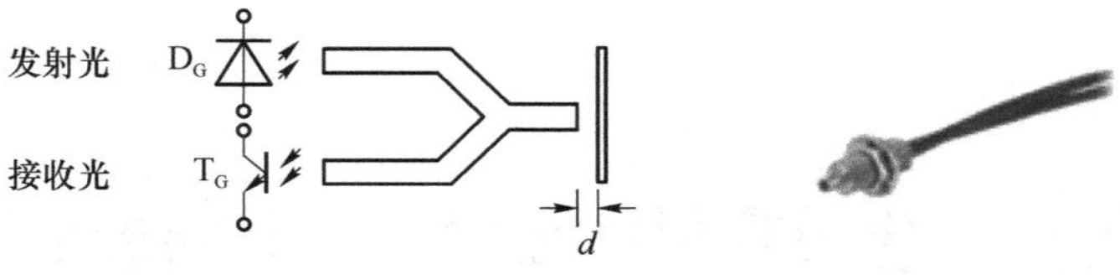

发射光 D_G

接收光 T_G

d

(a) (b)

图 7 –1 "Y" 形光纤测位移工作原理图

(a) 光纤测位移工作原理；(b) "Y" 形光纤

传光型光纤传感器位移量测是根据传送光纤之光场与受信光纤交叉地方视景来做决定。当光纤探头与被测物接触或零间隙时（$d=0$），则全部传输光量直接被反射至传输光纤。没有提供光给接收端之光纤，输出信号便为"零"。当探头与被测物之距离增加时，接收端之光纤接收之光量也越多，输出信号便增大，当探头与被测物之距离增加到一定值，至接收端光纤全部被照明为止，此时也称之为光峰值。达到光峰值之后，探针与被测物之距离继续增加时，将造成反射光扩散或超过接收端接收视野，使得输出信号与量测距离成反比例关系，如图 7 –2 曲线所示，一般都选用线性范围较好的前坡为测试区域。

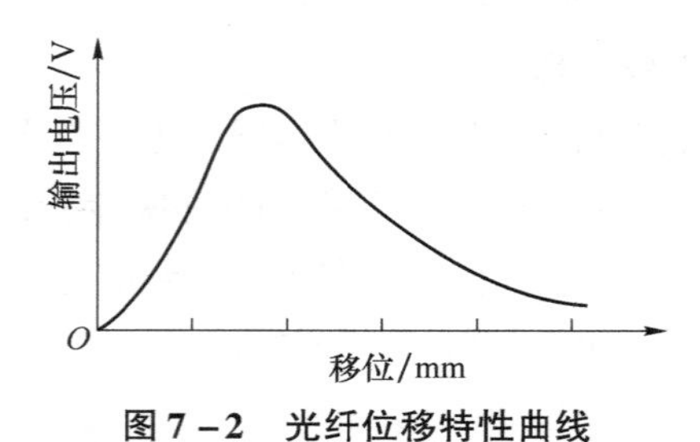

图 7 –2 光纤位移特性曲线

2. 线性霍尔传感器测位移的工作原理

霍尔传感器是一种磁敏传感器，基于霍尔效应原理工作。它将被测量的磁场变化（或以磁场为媒体）转换成电动势输出。霍尔效应是具有载流子的半导体同时处在电场和磁场中而产生电动势的一种现象。如图 7 –3（带正电的载流子）所示，把一块宽为 b，厚为 d 的导电板放在磁感应强度为 B 的磁场中，并在导电板中通以纵向电流 I，此时在板的横向两侧面 A、A' 之间就呈现出一定的电动势差，这一现象称为霍尔效应（霍尔效应可以用洛伦兹力来解释），所产生的电动势差 U_H 称为霍尔电压。霍尔效应的数学表达式为：

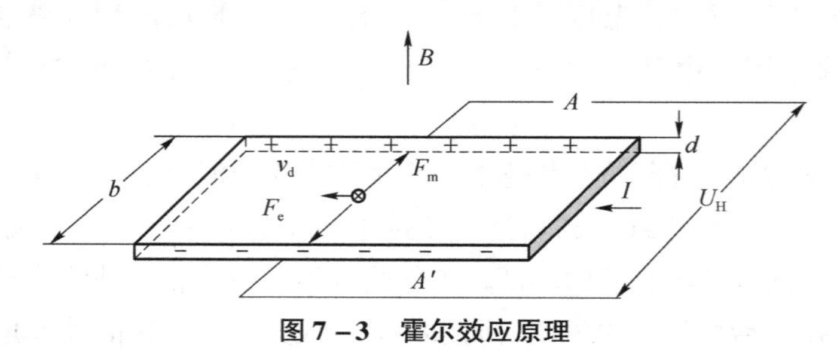

图 7 –3 霍尔效应原理

$$U_H = R_H \frac{IB}{d} = K_H IB$$

式中，$R_H = -1/(ne)$，为由半导体本身载流子迁移率决定的物理常数，称为霍尔系数；

$K_H = R_H/d$，为灵敏度系数，与材料的物理性质和几何尺寸有关。

具有上述霍尔效应的元件称为霍尔元件，霍尔元件大多采用N型半导体材料（金属材料中自由电子浓度n很高，因此R_H很小，使输出U_H极小，不宜作霍尔元件），厚度d只有1 μm左右。

霍尔传感器有霍尔元件和集成霍尔传感器两种类型。集成霍尔传感器是把霍尔元件、放大器等做在一个芯片上的集成电路型结构，与霍尔元件相比，它具有微型化、灵敏度高、可靠性高、寿命长、功耗低、负载能力强以及使用方便等优点。

本实验采用的霍尔式位移（小位移1～2 mm）传感器是由线性霍尔元件、永久磁钢组成，其他很多物理量，如力、压力、机械振动等本质上都可转变成位移的变化来测量。霍尔式位移传感器的工作原理和实验电路原理图如图7－4（a）、（b）所示。将磁场强度相同的两块永久磁钢同极性相对放置着，线性霍尔元件置于两块磁钢间的中点，其磁感应强度为0，设这个位置为位移的零点，即$X=0$，因磁感应强度$B=0$，故输出电压$U_H=0$。当霍尔元件沿X轴有位移时，由于$B\neq0$，则有一电压U_H输出，U_H经差动放大器放大输出为U。U与X有一一对应的特性关系。

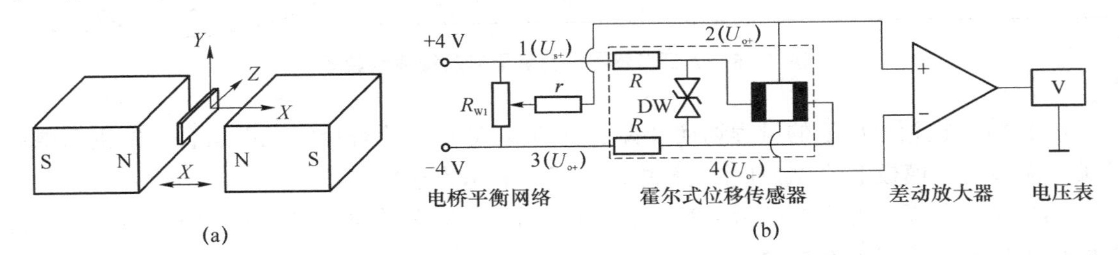

图7－4　霍尔式位移传感器工作原理图

（a）工作原理；（b）实验电路原理

三、设备仪器、工具及材料

JSCG－2型传感器检测技术实验台主机箱中的±2～±10 V（步进可调）直流稳压电源、±15 V直流稳压电源、电压表；光纤传感器实验模板、测微头、霍尔传感器实验模板。

四、步骤和过程

1. 光纤传感器位移测量实验

（1）观察光纤结构。由两根多模光纤组成“Y”形光纤位移传感器。将两根光纤尾部端面（包铁端部）对着自然光照射，观察探头端面现象，当其中一根光纤的尾部端面用不透光纸挡住时，在探头端观察可看到其面为半圆双D形结构。

（2）按图7－5示意图安装、接线。

①光纤安装。安装光纤时，要用手抓捏两根光纤尾部的包铁部分并轻轻插入光电座中，绝对不能用手抓捏光纤的黑色包皮部分进行插拔，插入时不要过分用力，以免损坏光纤座组

件中的光电管。

②测微头、被测体安装。调节测微头的微分筒到5 mm处（测微头微分筒的0刻度与轴套5 mm刻度对准）。将测微头的安装套插入支架座安装孔内并在测微头的测杆上套上被测体（铁圆片抛光反射面），移动测微头安装套使被测体的反射面紧贴住光纤探头并拧紧安装孔的紧固螺钉。

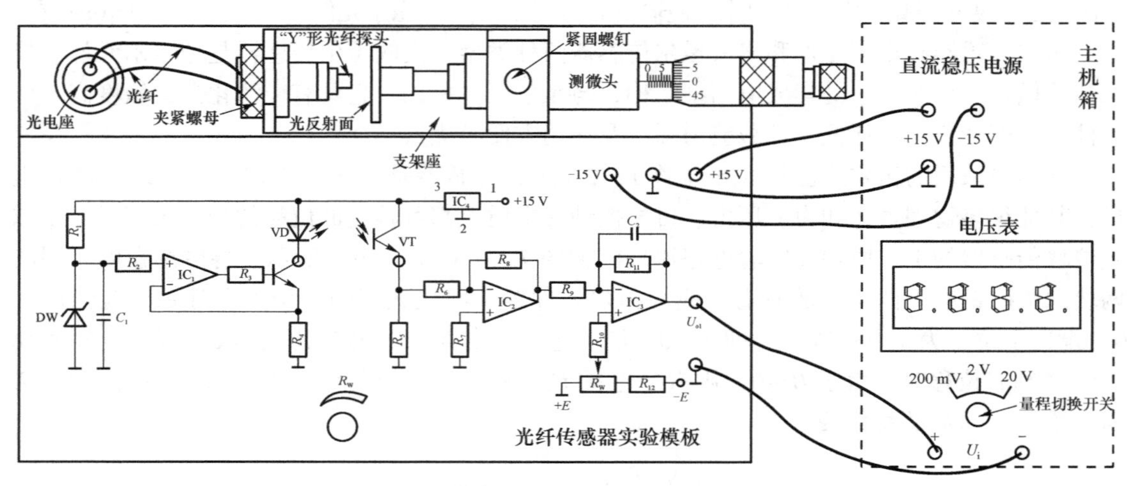

图7-5 光纤传感器位移测量实验接线示意图

（3）将主机箱电压表的量程切换开关切换到20 V挡，检查接线无误后合上主机箱电源开关。调节实验模板上的R_W使主机箱中的电压表显示为0 V。

（4）逆时针调动测微头的微分筒，每隔0.1 mm（微分筒刻度0～10、10～20、…）读取电压表显示值并填入表7-1中。

表7-1 光纤位移传感器输出电压与位移数据

X/mm										
U/V										

（5）根据表7-1数据画出实验曲线并找出线性区域较好的范围计算灵敏度和非线性误差。

实验完毕，关闭电源。

2. 线性霍尔传感器位移测量实验

（1）调节测微头的微分筒（0.01 mm/格），使微分筒的0刻度线对准轴套的10 mm刻度线。按图7-6示意图安装、接线，将主机箱上的电压表量程切换开关打到2 V挡，±2～±10 V（步进可调）直流稳压电源调节到±4 V挡。

（2）检查接线无误后，开启主机箱电源，松开安装测微头的紧固螺钉，移动测微头的安装套，使传感器的PCB板（霍尔元件）处在两圆形磁钢的中点位置（目测）时，拧紧紧固螺钉。再调节R_{W1}使电压表显示0。

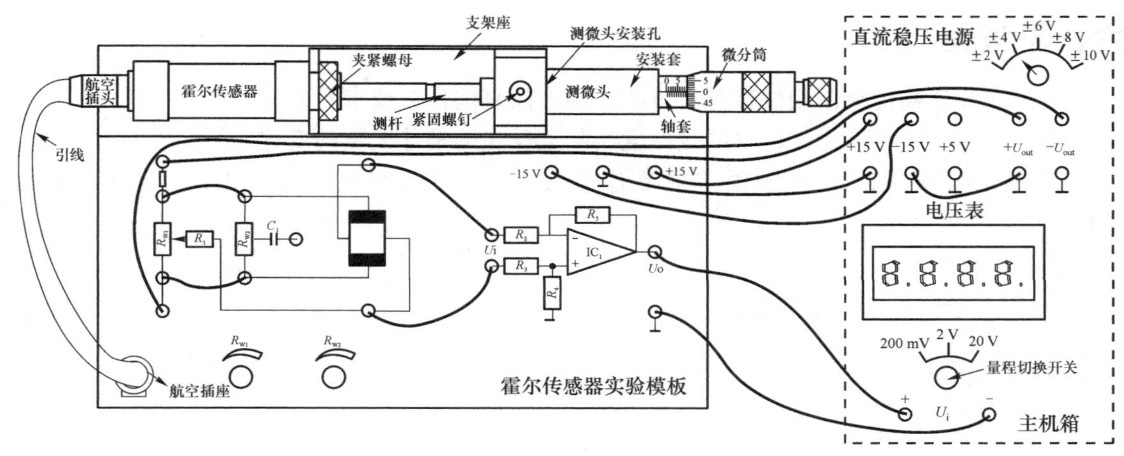

图 7－6　霍尔传感器（直流激励）位移测量实验接线示意图

（3）测位移使用测微头时，来回调节微分筒会使测杆产生位移的过程中存在机械回程差，为消除这种机械回程差可用单行程位移方法实验：顺时针调节测微头的微分筒 3 圈，记录电压表读数作为位移起点。以后，反方向（逆时针方向）调节测微头的微分筒（0.01 mm/格），每隔 $\Delta X=0.1$ mm（总位移可取 3～4 mm）从电压表上读出输出电压 U_o 值（这样可以消除测微头的机械回程差），将读数填入表 7－2 中。

表 7－2　霍尔传感器（直流激励）位移实验数据

ΔX/mm										
U/mV										

（4）根据表 7－2 数据作出 $U-\Delta X$ 实验曲线，分析曲线在不同测量范围（±0.5 mm、±1 mm、±2 mm）时的灵敏度和非线性误差。

实验完毕，关闭电源。

五、实验注意事项

（1）接线与拆线前先关闭电源。

（2）将接插线插入插孔，以保证接触良好，切忌用力拉扯接插线尾部，以免造成线内导线断裂。

（3）实验时应保持反射面的洁净，并使光纤端面与反射面平行，光纤勿成锐角曲折。

（4）实验时应避免强光直接照射反射面，以免造成测量误差。光纤端面不宜长时间直照强光，以免内部电路受损。

（5）直流激励电压须严格限定在 2 V，绝对不能任意加大，以免损坏霍尔元件。

（6）线性霍尔元件有四个引线端。涂黑两端是电源输入激励端，另外两端是输出端。接线时，电源输入激励端与输出端千万不能颠倒，否则霍尔元件就可能被损坏。

六、思考题

（1）光纤位移传感器测位移时对被测体的表面有些什么要求？

（2）本实验中霍尔元件位移的线性度实际上反映的是什么量的变化？

（3）归纳总结霍尔元件的误差主要有哪几种，各自的产生原因是什么，应怎样进行补偿。

实验八　电涡流传感器位移测量实验

一、实验目的和要求

（1）了解电涡流传感器测量位移的工作原理和特性。

（2）了解不同的被测体材料对电涡流传感器性能的影响。

（3）了解电涡流传感器的位移特性与被测体的形状和尺寸有关。

二、实验基本理论

1. 电涡流传感器位移测量原理

电涡流传感器是一种建立在涡流效应原理上的传感器。电涡流传感器由传感器线圈和被测物体（导电体—金属涡流片）组成，如图 8－1 所示。根据电磁感应原理，当电涡流传感器线圈（一个扁平线圈）通以交变电流（频率较高，一般为 1～2 MHz）$\dot{I}_1$ 时，线圈周围空间会产生交变磁场 H_1，当线圈平面靠近某一导体面时，由于线圈磁通链穿过导体，使导体的表面层感应出呈旋涡状自行闭合的电流 $\dot{I}_2$，而 $\dot{I}_2$ 所形成的磁通链又穿过传感器线圈，这样线圈与涡流“线圈”形成了有一定耦合的互感，最终原线圈反馈一等效电感，从而导致传感器线圈的阻抗 Z 发生变化。我们可以把被测导体上形成的电涡等效成一个短路环，这样就可得到如图 8－2 所示的等效电路。图中 R_1、L_1 为电涡流传感器线圈的电阻和电感。短路环可以认为是一匝短路线圈，其电阻为 R_2、电感为 L_2。线圈与导体间存在一个互感 M，它随线圈与导体间距的减小而增大。

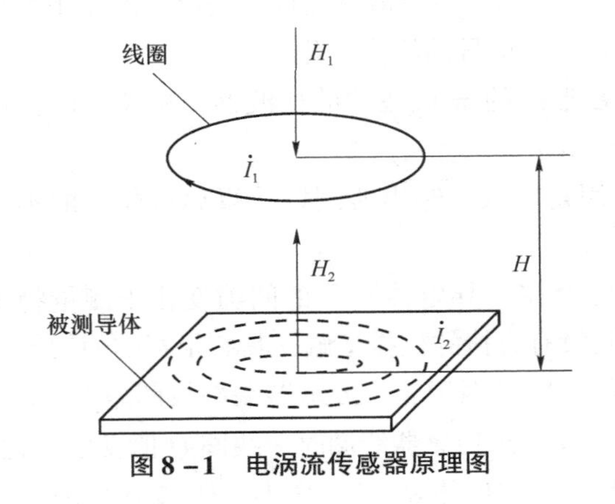

图 8－1　电涡流传感器原理图

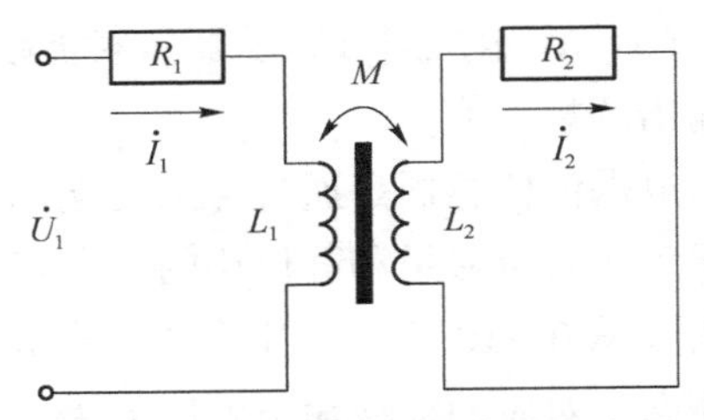

图 8－2　电涡流传感器等效电路图

根据等效电路可列出电路方程组：

$$\begin{cases} R_2\dot{I}_2 + \mathrm{j}\omega L_2\dot{I}_2 - \mathrm{j}\omega M\dot{I}_1 = 0 \\ R_1\dot{I}_1 + \mathrm{j}\omega L_1\dot{I}_1 - \mathrm{j}\omega M\dot{I}_2 = \dot{U}_1 \end{cases}$$

通过解方程组，可得 I_1、I_2。因此传感器线圈的复阻抗为：

$$Z = \frac{\dot{U}}{\dot{I}} = \left[R_1 + \frac{\omega^2 M^2}{R_2^2 + (\omega L_2)^2}R_2\right] + \mathrm{j}\left[\omega L_1 + \frac{\omega^2 M^2}{R_2^2 + (\omega L_2)^2}\omega L_2\right]$$

线圈的等效电感为：

$$L = L_1 - L_2\frac{\omega^2 M^2}{R_2^2 + (\omega L_2)^2}$$

为实现电涡流传感器位移测量，必须有一个专用的测量电路。这一测量电路（称之为前置器，也称电涡流变换器）应包括具有一定频率的稳定的振荡器和一个检波电路等。电涡流传感器位移测量实验框图如图 8－3 所示。

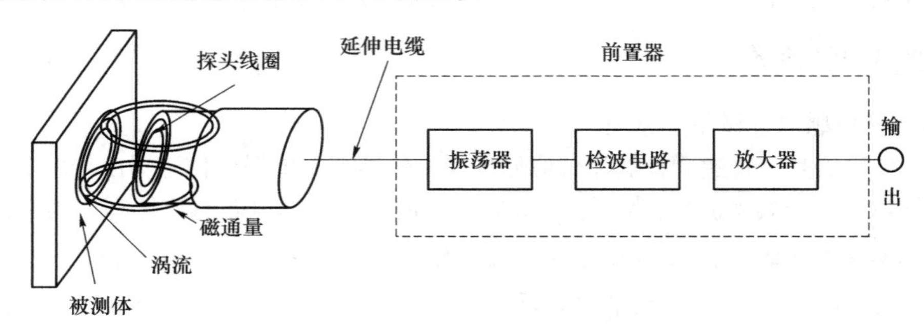

图 8－3 电涡流传感器位移特性实验原理框图

根据电涡流传感器的基本原理，将传感器与被测体间的距离变换为传感器的 Q 值、等效阻抗 Z 和等效电感 L 三个参数，用相应的测量电路（前置器）来测量。

本实验的电涡流变换器为变频调幅式测量电路，电路原理如图 8－4 所示。电路组成：

（1）T_1、C_1、C_2、C_3 组成电容三点式振荡器，产生频率为 1 MHz 左右的正弦载波信号。电涡流传感器接在振荡回路中，传感器线圈是振荡回路的一个电感元件。振荡器的作用是将位移变化引起的振荡回路的 Q 值变化转换成高频载波信号的幅值变化。

（2）D_1、C_5、L_3、C_6 组成了由二极管和 LC 形成的 π 形滤波的检波器。检波器的作用是将高频调幅信号中传感器检测到的低频信号取出来。

（3）T_2 组成射极跟随器。射极跟随器的作用是输入、输出匹配以获得尽可能大的不失真输出的幅度值。

电涡流传感器是通过传感器端部线圈与被测物体（导电体）间的间隙变化来测量物体的振动相对位移量和静位移的，它与被测体之间没有直接的机械接触，具有很宽的使用频率范围（从 0～10 Hz）。当无被测导体时，振荡器回路谐振于 f_0，传感器端部线圈 Q_0 为定值且最高，对应的检波输出电压 U_o 最大。当被测导体接近传感器线圈时，线圈 Q 值发生变化，振荡器的谐振频率发生变化，谐振曲线变得平坦，检波出的幅值 U_o 变小。U_o 变化反映了位移 x 的变化。电涡流传感器在位移、振动、转速、探伤、厚度测量上得到了广泛应用。

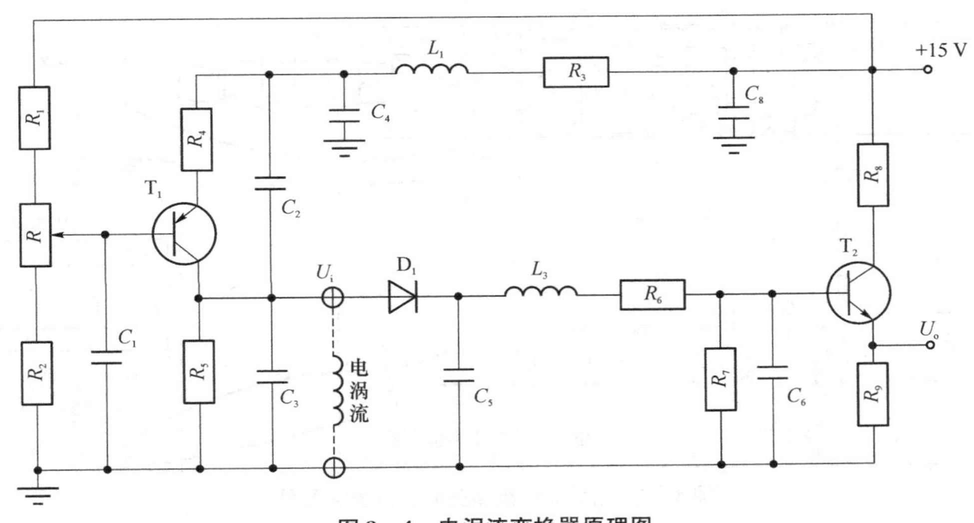

图 8－4　电涡流变换器原理图

2. 被测体材质对电涡流传感器性能的影响

涡流效应与金属导体本身的电阻率和磁导率有关，因此不同的导体材料就会有不同的性能。

3. 被测体面积大小对电涡流传感器特性的影响

电涡流传感器在实际应用中，由于被测体的形状、大小不同导致被测体上的涡流效应不充分，会减弱甚至不产生涡流效应，因此影响电涡流传感器的静态特性，所以在实际测量中，往往必须针对具体的被测体进行静态特性标定。

三、设备仪器、工具及材料

JSCG－2 型传感器检测技术实验台主机箱中的 ±15 V 直流稳压电源、电压表、电涡流传感器实验模板、电涡流传感器、测微头、被测体（铁圆片、铜圆片、铝圆片）、示波器（自备）；两个面积不同的铝被测体。

四、步骤和过程

1. 电涡流传感器位移测量实验

（1）观察传感器结构，这是一个平绕线圈。调节测微头的微分筒，使微分筒的 0 刻度值与轴套上的 5 mm 刻度值对准。按图 8－5 安装测微头、被测体铁圆片、电涡流传感器（注意安装顺序：首先将测微头的安装套插入安装架的安装孔内，再将被测体铁圆片套在测微头的测杆上；然后在支架上安装好电涡流传感器；最后平移测微头安装套使被测体与传感器端面相贴并拧紧测微头安装孔的紧固螺钉），再按图 8－5 示意图接线。

（2）将电压表量程切换开关切换到 20 V 挡，检查接线无误后开启主机箱电源，记下电压表读数，然后逆时针调节测微头微分筒，每隔 0.5 mm 读一个数，读取 10 组数据，并将数据列入表 8－1（在输入端即传感器两端可接示波器观测振荡波形）。

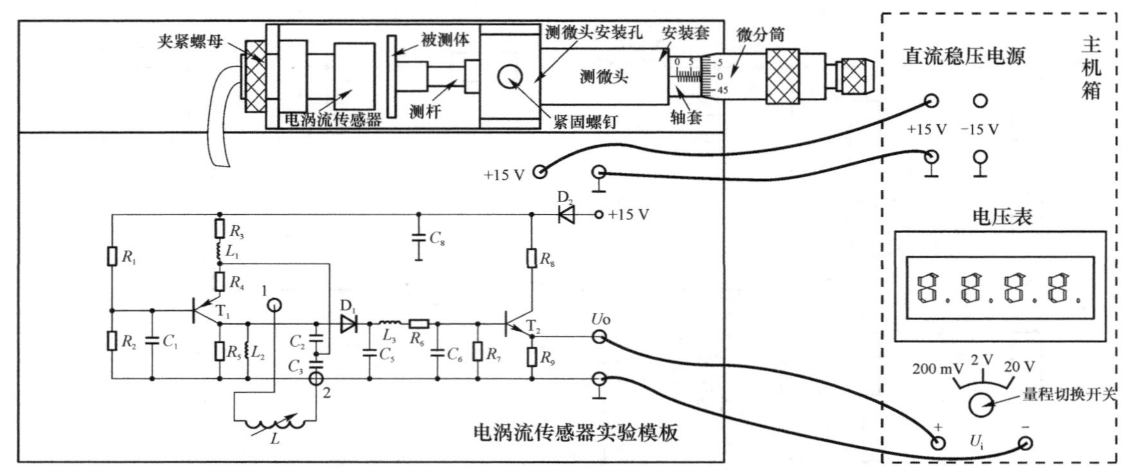

图 8－5　电涡流传感器安装、按线示意图

表 8－1　电涡流传感器位移 X 与输出电压数据

X/mm										
U_o/V										

（3）根据表 8－1 数据，画出 U_o-X 实验曲线，根据曲线找出线性区域比较好的范围计算灵敏度和线性度（可用最小二乘法或其他拟合直线）。

实验完毕，关闭电源。

2. 不同的被测体材料对电涡流传感器性能的影响

（1）实验步骤及方法与本实验前面部分相同。

（2）将实验中（见图 8－5）的被测体铁圆片换成铝和铜圆片，进行被测体为铝圆片和铜圆片时的位移特性测试，分别将实验数据列入表 8－2 和表 8－3中。

表 8－2　被测体为铝圆片时的位移实验数据

X/mm										
U/V										

表 8－3　被测体为铜圆片时的位移实验数据

X/mm										
U/V										

根据表 8－1 ~ 表 8－3 的实验数据在同一坐标上画出实验曲线进行比较。实验完毕，关闭电源。

3. 被测体面积大小对电涡流传感器特性的影响

（1）电涡流传感器、测微头、被测体的安装、接线如图 8－5 所示。

（2）在测微头的测杆上分别用两种不同面积的被测铝材对电涡流传感器的位移特性影响进行实验，并分别将实验数据列入表8－4。

表8－4　同种铝材的面积大小对电涡流传感器位移特性影响的实验数据

X/mm										
被测体1										
被测体2										

（3）根据表8－4数据画出实验曲线。

实验完毕，关闭电源。

五、实验注意事项

（1）接线与拆线前先关闭电源。

（2）将接插线插入插孔，以保证接触良好，切忌用力拉扯接插线尾部，以免造成线内导线断裂。

（3）被测体与电涡流传感器测试探头平面尽量平行，并将探头尽量对准被测体中间，以减少涡流损失。

（4）当电涡流变换器接入电涡流线圈处于工作状态时，接入示波器会影响线圈的阻抗，使电涡流变换器的输出电压减小，并造成电涡流传感器在初始状态有一死区，但示波器探头不接入该输入端即可解决这个问题。

六、思考题

（1）电涡流传感器的量程与哪些因素有关？如果需要测量±3 mm的量程应如何设计传感器？

（2）说明电涡流传感器与被测体之间的最佳初始工作点（单向工作及双向工作时，电涡流传感器的最佳安装点）。

（3）用电涡流传感器进行非接触位移测量时，如何根据量程选用传感器。

（4）当被测体为非金属材料时，如何利用电涡流传感器进行测试？

（5）目前现有一个直径为10 mm的电涡流传感器，需对一个轴直径为8 mm的振动进行测量，试说明具体的测试方法与操作步骤。

实验九　开关式霍尔传感器、磁电式传感器和光电开关传感器测转速实验

一、实验目的和要求

（1）了解开关式霍尔传感器测转速的应用。

（2）了解磁电式传感器测量转速的原理。

（3）了解光电开关传感器测量转速的原理及方法。

二、实验基本理论

1. 开关式霍尔传感器测量转速原理

开关式霍尔传感器是线性霍尔元件的输出信号经放大器放大，再经施密特电路整形成矩形波（开关信号）输出的传感器。开关式霍尔传感器测转速的原理框图如图 9－1 所示。当被测圆盘（转动盘）上装上 6 只磁性体时，圆盘每转一周磁场就变化 6 次，开关式霍尔传感器就以频率 f 相应变化输出，再经转速表显示转速 n。

图 9－1　开关式霍尔传感器测转速原理框图

2. 磁电式传感器测量转速原理

磁电式传感器是一种将被测物理量转换为感应电动势的有源传感器，也称为电动式传感器或感应式传感器。根据电磁感应定律，一个匝数为 N 的线圈在磁场中切割磁力线时，穿过线圈的磁通量发生变化，线圈两端就会产生出感应电动势，即为：

$$e = -N\frac{\mathrm{d}\Phi}{\mathrm{d}t}$$

线圈感应电动势的大小在线圈匝数一定的情况下与穿过该线圈的磁通变化率成正比。当传感器的线圈匝数和永久磁钢选定（即磁场强度已定）后，使穿过线圈的磁通发生变化的方法通常有两种：一种是让线圈和磁力线做相对运动，即利用线圈切割磁力线而使线圈产生感应电动势；另一种则是把线圈和磁钢都固定，靠衔铁运动来改变磁路中的磁阻，从而改变通过线圈的磁通。因此，磁电式传感器可分成两大类型：动磁式及可动衔铁式（即可变磁阻式）。本实验应用动磁式磁电传感器，实验原理框图如图 9－2 所示。当转动盘上嵌入 6 个磁钢时，转动盘每转一周磁电式传感器感应电动势 e 产生 6 次的变化，感应电动势 e 通过放大、整形由频率表显示 f，转速 $n=10f$。

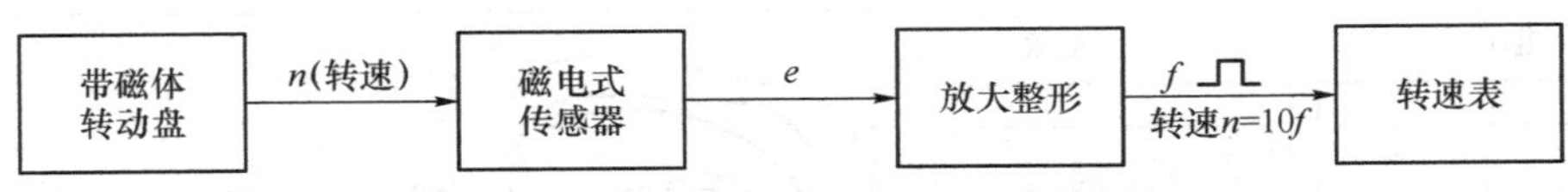

图9－2　磁电式传感器测转速实验原理框图

3. 光电开关传感器测量转速原理

光电开关传感器有反射型和透射型两种，本实验装置是透射型的（光电开关传感器又称光电断续器，也称光耦），传感器端部两内侧分别装有发光管和光电管，发光管发出的光源透过转动盘上通孔后由光电管接收转换成电信号，由于转动盘上有均匀间隔的6个孔，转动时将获得与转速有关的脉冲数，脉冲经处理由频率表显示f，即可得到转速$n=10f$。其实验原理框图如图9－3所示。

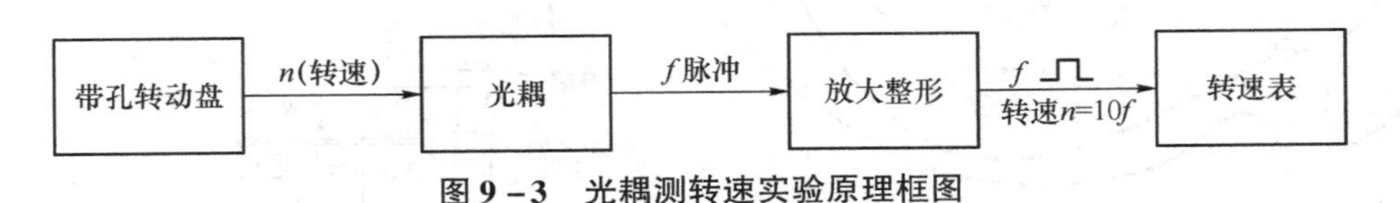

图9－3　光耦测转速实验原理框图

三、设备仪器、工具及材料

JSCG－2型传感器检测技术实验台主机箱中的转速调节0～24 V直流稳压电源、+5 V直流稳压电源、电压表、频率/转速表；开关式霍尔传感器、磁电式传感器、光电开关传感器（已装在转动源上）、转动源。

四、步骤和过程

1. 开关式霍尔传感器测量转速实验

（1）根据图9－4将开关式霍尔传感器安装于霍尔架上，传感器的端面对准转动盘上的磁钢并调节升降杆使传感器端面与磁钢之间的间隙为2～3 mm。

（2）将主机箱中的0～24 V直流稳压电源转速调节旋钮调到最小（逆时针方向转到底）后接入电压表（电压表量程切换开关打到20 V挡）；其他接线按图9－4所示连接（注意开关式霍尔传感器的三根引线的序号为红线接电源正极，黑线接地，蓝线接频率/转换表的正极）；将频率/转速表的开关按到转速挡。

（3）检查接线无误后合上主机箱电源开关，在小于12 V范围内（利用电压表监测）调节主机箱的转速调节电源（调节电压改变直流电机电枢电压），观察电机转动及转速表的显示情况。

（4）从2 V开始记录每增加1 V时相应电机转速的数据（待电机转速比较稳定后读取数据）；画出电机的$U-n$（电机电枢电压与电机转速的关系）特性曲线。

实验完毕，关闭电源。

2. 磁电式传感器测量转速实验

磁电式传感器测速实验安装、接线示意图如图9－5所示。磁电式传感器接应变模板的

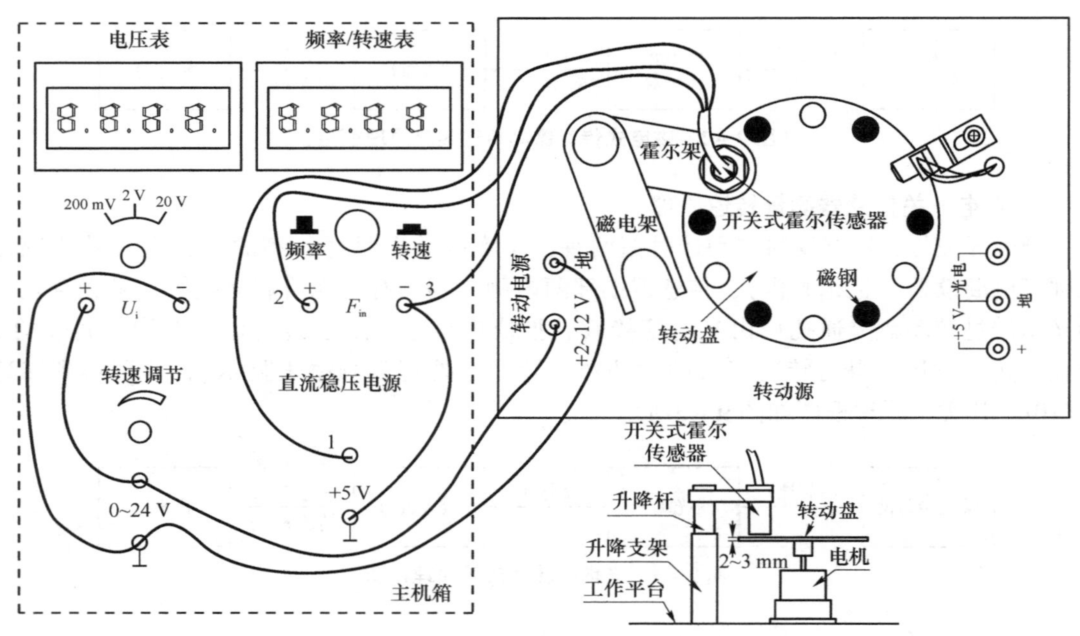

图 9－4　开关式霍尔传感器测速实验安装、接线示意图

U_{i+} 和 U_{i-}。U_{o2} 和地接频率转速表（应变模板接 ±15 V 电源）。

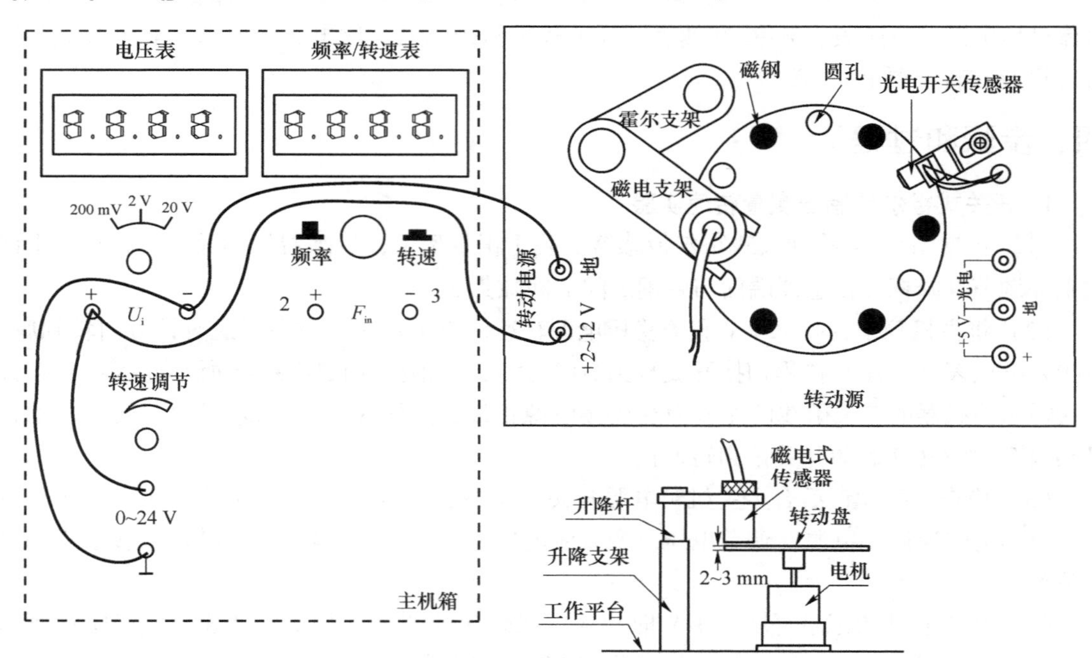

图 9－5　磁电式传感器测速实验安装、接线示意图

3. 光电开关传感器测量转速实验

（1）将主机箱中的 0 ~ 24 V 直流稳压电源转速调节旋钮旋到最小（逆时针旋到底）并

接上电压表；再按图9－6所示接线，将主机箱中频率/转速表的切换开关切换到转速处。

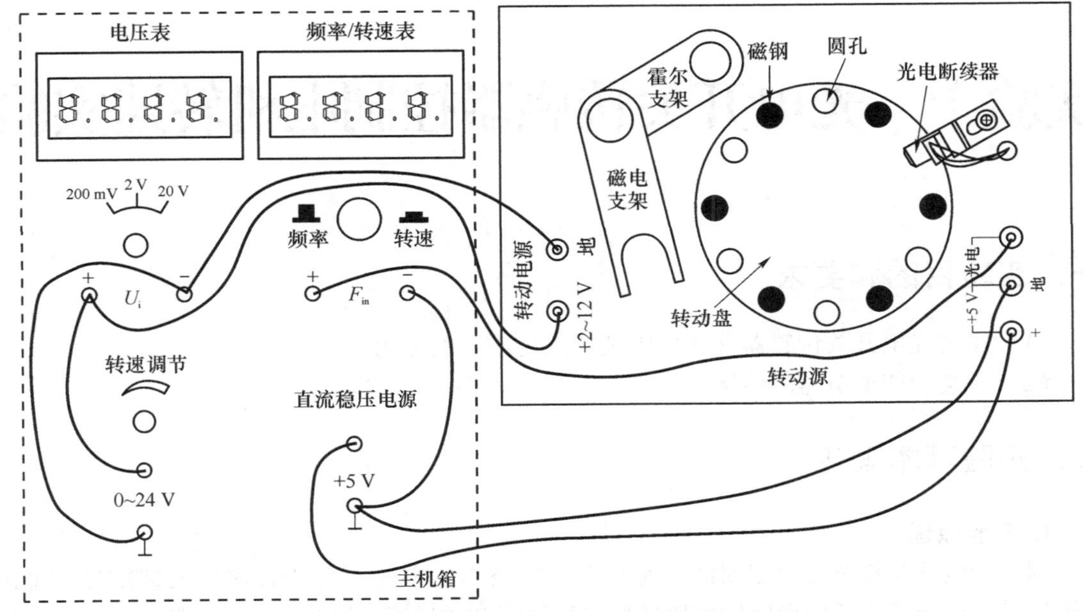

图9－6　光电开关传感器测速实验接线示意图

（2）检查接线无误后，合上主机箱电源开关，在小于12 V范围内（电压表监测）调节主机箱的转速调节电源（调节电压改变电机电枢电压），观察电机转动及转速表的显示情况。

（3）从2 V开始记录每增加1 V时相应电机转速的数据（待转速表显示比较稳定后读取数据）；画出电机的$U-n$（电机电枢电压与电机转速的关系）特性曲线。

实验完毕，关闭电源。

五、实验注意事项

（1）接线与拆线前先关闭电源。

（2）将接插线插入插孔，以保证接触良好，切忌用力拉扯接插线尾部，以免造成线内导线断裂。

（3）一定要将开关式霍尔传感器的探头对准磁钢反射面。

（4）安装时，磁电式传感器一定要对准磁钢中心。

六、思考题

（1）利用开关式霍尔传感器测转速时被测对象要满足什么条件？

（2）磁电式传感器测很低的转速时会降低精度，甚至不能测量。如何创造条件保证磁电式传感器正常测转速？能说明理由吗？

（3）已进行的实验中用了多种传感器测量转速，试分析比较哪种方法最简单、方便。

实验十　光电开关传感器控制电机转速实验

一、实验目的和要求

（1）了解光电开关传感器（光电断续器或光耦）的应用。

（2）学会智能调节器的使用。

二、实验基本理论

1. 实验原理

利用光电开关传感器检测到的转速频率信号经 F/U 转换后作为转速的反馈信号，将该反馈信号与智能调节器的设定转速比较后进行数字 PID 运算，调节电压驱动器改变直流电机电枢电压，使电机转速趋近设定转速（设定值：400 ~ 2 200 r/min）。转速控制原理框图如图 10－1 所示。

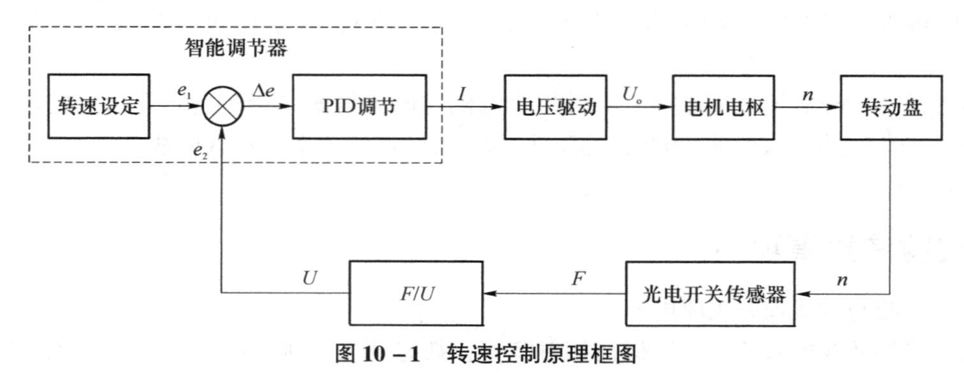

图 10－1　转速控制原理框图

2. 智能调节器简介

（1）概述。

主机箱中所装的调节仪表为人工智能工业调节器，仪表由单片机控制，具有热电阻、热电偶、电压、电流、频率 TTL 电平等多种信号自由输入（通过输入规格设置），手动自动切换，主控方式在传统 PID 控制算法基础上，结合模糊控制理论创建了新的人工智能调节 PID 控制算法，在各种不同的系统上，经仪表自整定的参数大多数能得到满意的控制效果，具有无超调、抗扰动性强等特点。

此外仪表还具有良好的人机界面，仪表能根据设置自动屏蔽不相应的参数项，使用户更觉简洁、易接受。

（2）主要技术指标。

①基本误差：≤ ±0.5%F.S ±1 个字，±0.3%F.S ±1 个字。

②冷端补偿误差：≤ ±2.0 ℃。

③采样周期：0.5 s。

④控制周期：继电器输出与阀位控制时的控制周期为 2 ~ 120 s 可调，其他为 2 s。

⑤报警输出回程差（不灵敏区）：0.5 或 5。

⑥继电器触点输出：AC 250 V/7A（阻性负载）或 AC 250 V/0.3A（感性负载）。

⑦驱动可控硅脉冲输出：幅度≥3 V，宽度≥50 μs 的过零或移相触发脉冲（共阴）。

⑧驱动固态继电器信号输出：驱动电流≥15 mA，电压≥9 V。

⑨连续 PID 调节模拟量输出：0 ~ 10 mA（负载 500 Ω ± 200 Ω）、4 ~ 20 mA（负载 250 Ω ± 100 Ω），或 0 ~ 5 V（负载≥100 kΩ）、1 ~ 5 V（负载≥100 kΩ）。

⑩电源：AC 90 ~ 242 V（开关电源），50/60 Hz，或其他特殊要求。

⑪工作环境：温度 0 ~ 50.0 ℃，相对湿度不大于 85% 的无腐蚀性气体及无强电磁干扰的场所。

（3）调节器面板说明。

面板上有 PV 测量显示窗、SV 给定显示窗、4 个指示灯窗和 4 个按键组成，如图 10 – 2 所示。

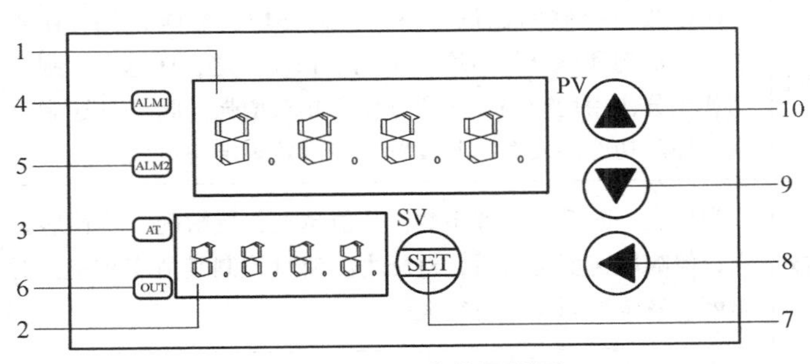

图 10 – 2　调节仪面板图

面板中：1. PV—测量值显示窗；

2. SV—给定值显示窗；

3. AT—自整定灯；

4. ALM1—AL – 1 动作时点亮对应的灯；

5. ALM2—手动指示灯（兼程序运行指示灯）；

6. OUT—调节控制输出指示灯；

7. SET—功能键；

8. ◀—数据移位（兼手动/自动切换及参数设置进入）；

9. ▼—数据减少键（兼程序运行/暂停操作）；

10. ▲—数据增加键（兼程序复位操作）。

（4）参数代码及符号（仪表根据设置只开放表 10 – 1 中相对应的参数项）。

表 10-1 参数代码、符号及其说明情况

序号	符号	名称	说明	取值范围	出厂值
0	SP	给定值		仪表量程范围	50.0
1	AL-1	第一报警	测量值大于 AL-1 值时仪表将产生上限报警。测量值小于 AL-1（固定 0.5）值时，仪表将解除上限报警	仪表量程范围	0.0
2	Pb	传感器误差修正	当测量传感器引起误差时，可以用此值修正		0.0
3	P	速率参数	P 值类似常规 PID 调节器的比例带，但变化相反，P 值越大，比例、微分的作用成正比增强，P 值越小，比例、微分的作用相应减弱，P 参数值与积分作用无关。 设置 P=0 时，仪表转为两位式控制	1~9 999	100
4	I	保持参数	I 参数值主要决定调节算法中的积分作用，与常规 PID 算法中的积分时间类同，I 值越小，系统积分作用越强，I 值越大，积分作用越弱。设置 I=0 时，系统取消积分作用，仪表成为一个 PD 调节器	0~3 000	500
5	D	滞后时间	D 参数对控制的比例、积分、微分均起影响作用，D 越小，则比例和积分作用均成正比增强；反之，D 越大，则比例和积分作用均减弱，而微分作用相对增强。此外 D 还影响超调抑制功能的发挥，其设置对控制效果影响很大	0~2 000 s	100 s
6	FILT	滤波系数	为仪表一阶滞后滤波系数，其值越大，抗瞬间干扰性能越强，但响应速度越滞后，对压力、流量控制其值应较小，对温度、液位控制应相对较大	0~99	20
7	dp	小数点位置	当仪表为电压或电流输入时，其显示上限、显示下限、小数点位置及单位均可由厂家或用户自由设定，其中当 dp=0 时小数点在个位不显示，当 dp=1~3 时，小数点依次在十位、百位、千位。 当仪表为热电偶或热电阻输入时，dp=0 时小数点在个位，不显示；dp=1 时，小数点在十位	0~3	0 或 1 或按需求定
8	outH	输出上限	当仪表控制为电压或电流输出（如控制阀位时）时，仪表具有最小输出和最大输出限制功能	outL~200	按需求定
9	outL	输出下限	当仪表控制为电压或电流输出（如控制阀位时）时，仪表具有最小输出和最大输出限制功能	0~outH	按需求定
10	AT	自整定状态	0：关闭；1：启动	0~1	0

续表

序号	符号	名称	说明	取值范围	出厂值
11	LoCK	密码锁	为 0 时，允许修改所有参数，为 1 时，只允许修改给定值(SP)，大于 1 时，禁止修改所有参数	0～50	0
12	Sn	输入方式	Cu50—50.0～150.0 ℃；Pt100（Pt1）—199.9～200.0 ℃； Pt100（Pt2）—199.9～600.0 ℃；K—30.0～1 300 ℃； E—30.0～700.0 ℃；J—30.0～900.0 ℃； T—199.9～400.0 ℃；S—30～1 600 ℃； R—30.0～17 00.0 ℃；WR25—30.0～2 300.0 ℃； N—30.0～1 200.0 ℃； 0～50 mV；10～50 mV；0～5 V（0～10 mA）； 1～5 V（4～20 mA）；频率 f；转速 u	分度号	按需求定
13	OP－A	主控输出方式	0：无输出；1：继电器输出；2：固态继电器输出；3：过零触发；4：移相触发；5：0～10 mA 或 0～5 V；6：4～20 mA 或 1～5 V；7：阀位控制	0～7	
14	OP－B	副控输出方式	0：无输出；1：RS232 或 RS485 通信信号	0～4	
15	ALP	报警方式	0：无报警；1：上限报警； 2：下限报警；3：上下限报警； 4：正偏差报警；5：负偏差报警； 6：正负偏差报警；7：区间外报警； 8：区间内报警；9：上上限报警； 10：下下限报警	0～10	
16	COOL	正反控制选择	0：反向控制，如加热；1：正向控制，如制冷	0～1	0
17	P－SH	显示上限	当仪表为热电偶或热电阻输入时，显示上限、显示下限决定了仪表的给定值、报警值的设置范围，但不影响显示范围。 当仪表为电压、电流输入时，其显示上限、显示下限决定了仪表的显示范围，其值和单位均可由厂家或用户自由决定	P－SL～9999	按需求定
18	P－SL	显示下限	当仪表为热电偶或热电阻输入时，显示上限、显示下限决定了仪表的给定值、报警值的设置范围，但不影响显示范围。 当仪表为电压、电流输入时，其显示上限、显示下限决定了仪表的显示范围，其值和单位均可由厂家或用户自由决定	－1999～P－SH	按需求定
19	Addr	通信地址	仪表在集中控制系统中的编号	0～63	1
20	bAud	通信波特率	1 200；2 400；4 800；9 600		9 600

（5）参数及状态设置方法。

①第一设置区。上电后，按 SET 键约 3 s，仪表进入第一设置区，仪表将按参数代码1～20 依次在上显示窗显示参数符号，下显示窗显示其参数值，此时分别按◀、▼、▲三键可调整参数值，长按▼或▲可快速加或减，调好后按 SET 键确认保存数据，转到下一参数继续调完为止，长按 SET 键将快捷退出，也可按 SET ＋◀组合键直接退出。如设置中途间隔 10 s 未操作，仪表将自动保存数据，退出设置状态。

仪表第 11 项参数 LoCK 为密码锁，为 0 时允许修改所有参数，为 1 时只允许修改第二设置区的 SP 给定值，大于 1 时禁止修改所有参数。用户禁止将此参数设置为大于 50，否则将有可能进入厂家测试状态。

②第二设置区。上电后，按▲键约 3 s，仪表进入第二设置区，此时可按上述方法修改 SP 设定值。

③手动调节。上电后，按◀键约 3 s 进入手动调整状态，下排第一字显示“H”，此时可设置输出功率的百分比；再按◀键约 3 s 退出手动调整状态。

当仪表控制对象为阀门时，手动值 >50 为正转，否则为反转，输出的占空比固定为 100%。

④在常规运行时，上显示窗显示测量值，下显示窗显示 SV 设定值，按▼键，下显示窗能切换成显示主控输出值，此时第 1 数码管显示“F”，后三位显示 0～100 的输出值。

（6）自整定方法。

如果仪表首次在系统上使用，或者环境发生变化，发现仪表控制性能变差，则需要对仪表的某些参数如 P、I、D 等数据进行整定，省去过去由人工逐渐摸索调整且难以达到理想效果的烦琐工作，具体时间根据工况长短不一。以温度控制（反向）为例，方法如下：

首先设置好给定值后将自整定参数 AT 设置为 1，ALM 灯开始闪烁，仪表进入自整定状态，此时仪表为两位式控制方式，仪表经过三次振荡后，自动保存整定的 P、I、D 参数，ALM 灯熄灭，自整定过程全部结束。

注：①一旦自整定开启后，仪表将禁止改变设定值。

②仪表整定时中途断电，因仪表有记忆功能，下次上电时会重新开始自整定。

③自整定中，如需要人为退出，将自整定参数 AT 设置为 0 即可退出，但整定结果无效。

④按正确方法整定出的参数适合大多数系统，但遇到极少数特殊情况控制不够理想时，可适当微调 P、I、D 的值。人工调节时，注意观察系统响应曲线，如果是短周期振荡（与自整定或位式控制时振荡周期相当或约长），可减小 P（优先），加大 I 及 D；如果是长周期振荡（数倍于位式控制时振荡周期），可加大 I（优先），加大 P、D；如果是无振荡而有静差，可减小 I（优先），加大 P；如果是最后能稳定控制但时间太长，可减小 D（优先），加大 P，减小 I。调试时还可采用逐试法，即将 P、I、D 参数之一增加或减少 30%～50%，如果控制效果变好，则继续增加或减少该参数，否则往反方向调整，直到效果满意为止，一般先修改 P，其次为 I，还不理想时则最后修改 D 参数。修改这三项参数时，应兼顾过冲与控制精度两项指标。

输出控制阀门时，因打开或关闭周期太长，如自整定结果不理想，则需在出厂值基础上人工修改 P、I、D 参数（一般在出厂值基础上加大 P，减小 I 及为了避免阀门频繁动作而应将 D 调得较小）。

（7）通信。

①接口规格。

为与 PC 机或 PLC 编控仪联机以集中监测或控制仪表，仪表提供 RS232、RS485 两种数字通信接口，光电隔离，其中采用 RS232 通信接口时上位机只能接一台仪表，三线连接，传输距离约 15 m；采用 RS485 通信接口时上位机需配一只 RS232 – RS485 的转换器，最多能接 64 台仪表，二线连接，传输距离约一千米。

②通信协议。

a. 通信波特率为 1 200、2 400、4 800、9 600 四挡可调，数据格式为 1 个起始位、8 个数据位、2 个停止位，无校验位。

b. 上位机发读命令：(地址代码 + 80H) + (地址代码 + 80H) + [52H(读)] + (要读的参数代码) + (00H) + [校验和(前六字节的和/80H 的余数)]。

c. 上位机发写命令：(地址代码 + 80H) + (地址代码 + 80H) + 57H(写) + (要写的参数代码) + (参数值高 8 位) + (参数值低 8 位) + 校验和(前六字节的和/80H 的余数)。

d. 仪表返回：(测量值高 8 位) + (测量值低 8 位) + (参数值高 8 位) + (参数值低 8 位) + (输出值) + (仪表状态字节) + [校验和(前六字节的和/80H 的余数)]。

e. 上位机对仪表写数据的程序段应按仪表的规格加入参数限幅功能，以防超范围的数据写入仪表，使其不能正常工作，各参数范围见《四 参数代码及符号》相关资料。

f. 上位机发读或写指令的间隔时间应大于或等于 0. 3 s，太短仪表可能来不及应答。

g. 仪表未发送小数点信息，编上位机程序时应根据需要设置。

h. 测量值为 32 767（7FFFH）时表示 HH（超上量程），为 32 512（7F00H）时表示 LL（超下量程）。

i. 其他。

- 每帧数据均为 7 个字节，双字节均高位在前、低位在后。
- 仪表报警状态字节为：

0	0	0	0	0	0	AL_1	AL_2

AL_1 或 AL_2 = 1 时为报警，AL_1 或 AL_2 = 0 时为非报警。

三、设备仪器、工具及材料

JSCG – 2 型传感器检测技术实验台主机箱中的智能调节器单元、+5 V 直流稳压电源；转动源、光电开关传感器（已装在转动源上）。

四、步骤和过程

（1）设置调节器转速控制参数：按图 10 – 3 示意图接线。检查接线无误后，合上主机箱上的总电源开关；将控制对象开关拨到“Fin”位置后再合上调节器电源开关，仪表上电后，仪表的上显示窗口（PV）显示随机数或 HH 或 LL；下显示窗口（SV）显示控制给定值

(实验值)。按SET键并保持约3 s，即进入参数设置状态。在参数设置状态下按SET键，仪表将按参数代码1～20依次在上显示窗显示参数符号［见上文（4）参数代码及符号］，下显示窗显示其参数值，此时分别按◀、▼、▲三键可调整参数值，长按▼或▲可快速加或减，调好后按SET键确认保存数据，转到下一参数继续调完为止，长按SET键将快捷退出，也可按SET+◀组合键直接退出。如设置中途间隔10 s未操作，仪表将自动保存数据，退出设置状态。

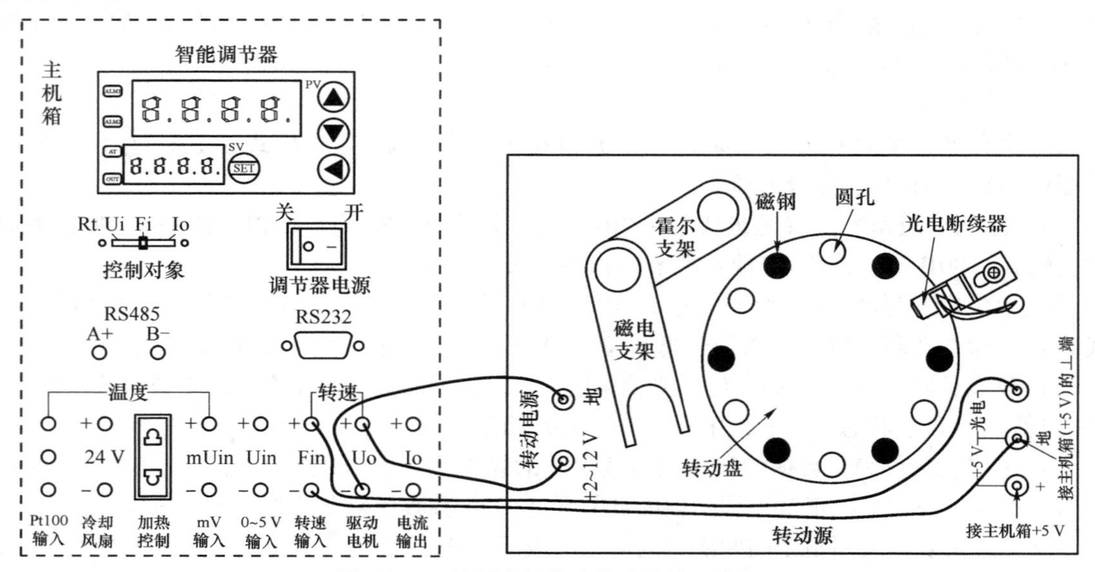

图10－3 控制电机转速实验接线示意图

具体设置转速控制参数方法步骤如下：

①首先设置Sn（输入方式）：按住SET键保持约3 s，仪表进入参数设置状态，PV窗显示AL－1（上限报警）。再按SET键11次，PV窗显示Sn（输入方式），按▼、▲键可调整参数，使SV窗显示u。

②再按SET键，PV窗显示OP－A（主控输出方式），按▼、▲键修改参数值，使SV窗显示5。

③再按SET键，PV窗显示OP－B（副控输出方式），按▼、▲键修改参数值，使SV窗显示1。

④再按SET键，PV窗显示ALP（报警方式），按▼、▲键修改参数值，使SV窗显示1。

⑤再按SET键，PV窗显示COOL（正反控制选择），按▼键，使SV窗显示0。

⑥再按SET键，PV窗显示P－SH（显示上限），长按▲键修改参数值，使SV窗显示9999。

⑦再按SET键，PV窗显示P－SL（显示下限），长按▼键修改参数值，使SV窗显示0。

⑧再按SET键，PV窗显示Addr（通信地址），按◀、▼、▲三键调整参数值，使SV窗显示1。

⑨再按SET键，PV窗显示bAud（通信波特率），按◀、▼、▲三键调整参数值，使SV窗显示9600。

⑩长按 SET 键快捷退出，再按住 SET 键保持约 3 s，仪表进入参数设置状态，PV 窗显示 AL－1（上限报警）；按◀、▼、▲三键可调整参数值，使 SV 窗显示 2500。

⑪再按 SET 键，PV 窗显示 Pb（传感器误差修正），按▼、▲键可调整参数值，使 SV 窗显示 0。

⑫再按 SET 键，PV 窗显示 P（速率参数），按◀、▼、▲键调整参数值，使 SV 窗显示 1。

⑬再按 SET 键，PV 窗显示 I（保持参数），按◀、▼、▲三键调整参数值，使 SV 窗显示 950。

⑭再按 SET 键，PV 窗显示 D（滞后时间），按◀、▼、▲键调整参数值，使 SV 窗显示 10。

⑮再按 SET 键，PV 窗显示 FILT（滤波系数），按▼、▲键可修改参数值，使 SV 窗显示 1。

⑯再按 SET 键，PV 窗显示 dp（小数点位置），按▼、▲键修改参数值，使 SV 窗显示 0。

⑰再按 SET 键，PV 窗显示 outH（输出上限），按◀、▼、▲三键调整参数值，使 SV 窗显示 200。

⑱再按 SET 键，PV 窗显示 outL（输出下限），长按▼键，使 SV 窗显示 0 后释放▼键。

⑲再按 SET 键，PV 窗显示 AT（自整定状态），按▼键，使 SV 窗显示 0。

⑳再按 SET 键，PV 窗显示 LoCK（密码锁），按▼键，使 SV 窗显示 0。

㉑长按 SET 键快捷退出，转速控制参数设置完毕。

（2）按▲键约 3 s，仪表进入 SP 给定值（实验给定值）设置，此时可按上述方法按◀、▼、▲三键在 400 ~ 2 200 r/min 范围内任意设定实验给定值（SV 窗显示给定值，如 1 000 r/min），观察 PV 窗测量值的变化过程（最终在 SV 设定值调节波动）。做其他任意一个转速值控制实验时，只要重新设置 SP 给定值（其他参数不要改变）。设置方法：按住▲键约 3 s，仪表进入 SP 给定值（实验值）设置，此时可按◀、▼、▲三键修改给定值，使 SV 窗显示值为新做的转速控制实验值，进入控制电机转速过程，可观察 PV 窗测量值的变化过程。

实验完毕，关闭电源。

五、实验注意事项

（1）接线与拆线前先关闭电源。

（2）将接插线插入插孔，以保证接触良好，切忌用力拉扯接插线尾部，以免造成线内导线断裂。

（3）注意仪表的调试参数，掌握参数调试方法和过程。

六、思考题

按 SET 键并保持约 3 s，即进入参数设置状态，只大范围改变控制参数 P 或 I 或 D 的其中之一设置值（注：其他任何参数的设置值不要改动），观察 PV 窗测量值的变化过程。这个变化过程说明了什么问题？

实验十一　温度源的温度调节控制实验

一、实验目的和要求

（1）了解温度控制的基本原理，熟悉温度源的温度调节过程。

（2）熟练掌握智能调节器和温度源的使用，为以后的温度实验打下基础。

二、实验基本理论

温度源简介：温度源是一个小铁箱子，内部装有加热器和冷却风扇；加热器上有两个测温孔，加热器的电源引线与外壳插座（外壳背面装有保险丝座和加热电源插座）相连；冷却风扇电源为 DC +24 V（或 12 V），它的电源引线与外壳正面实验插孔相连。温度源外壳正面装有电源开关、指示灯和冷却风扇电源 DC +24 V（12 V）插孔；顶面有两个温度传感器的引入孔，它们与内部加热器的测温孔相对，其中一个为控制加热器加热的传感器 Pt100 的插孔，另一个是温度实验传感器的插孔；背面有保险丝座和加热器电源插座。使用时将电源开关打开（o 为关，－为开）。从安全性、经济性即具有高的性价比考虑且不影响学生掌握原理的前提下，温度源设计温度≤100 ℃。

当温度源的温度发生变化时温度源中的 Pt100 热电阻（温度传感器）的阻值发生变化，将电阻变化量作为温度的反馈信号输给智能调节器，经智能调节器的电阻－电压转换后与温度设定值比较后再进行数字 PID 运算，输出可控硅触发信号（加热）或继电器触发信号（冷却），使温度源的温度趋近温度设定值。温度控制原理框图如图 11－1 所示。

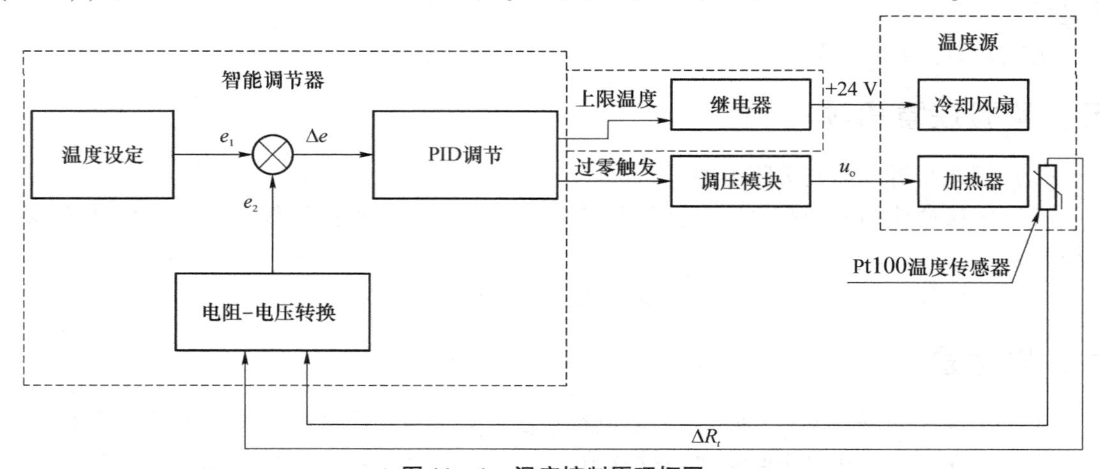

图 11－1　温度控制原理框图

三、设备仪器、工具及材料

JSCG－2 型传感器检测技术实验台主机箱中的智能调节器单元、转速调节 0～24 V 直流稳压电源；温度源、Pt100 温度传感器。

四、步骤和过程

（1）关于智能调节器的简介及面板按键说明请参阅实验十。

（2）设置调节器温度控制参数。在温度源的电源开关关闭（断开）的情况下，按图 11－2 示意图接线。检查接线无误后，合上主机箱上的总电源开关；将主机箱中的转速调节旋钮（0～24 V）顺时针转到底，再将调节器的控制对象开关拨到“Rt. Ui”位置后再合上调节器电源开关，仪表上电后，仪表的上显示窗口（PV）显示随机数或 HH；下显示窗口（SV）显示控制给定值（实验值）。按 SET 键并保持约 3 s，即进入参数设置状态。在参数设置状态下按 SET 键，仪表将按参数代码 1～20 依次在上显示窗显示参数符号［见实验十的（4）参数代码及符号］，下显示窗显示其参数值，此时分别按◀、▼、▲三键可调整参数值，长按▼或▲可快速加或减，调好后按 SET 键确认保存数据，转到下一参数继续调完为止，长按 SET 键将快捷退出，也可按 SET ＋ ◀组合键直接退出。如设置中途间隔 10 s 未操作，仪表将自动保存数据，退出设置状态。

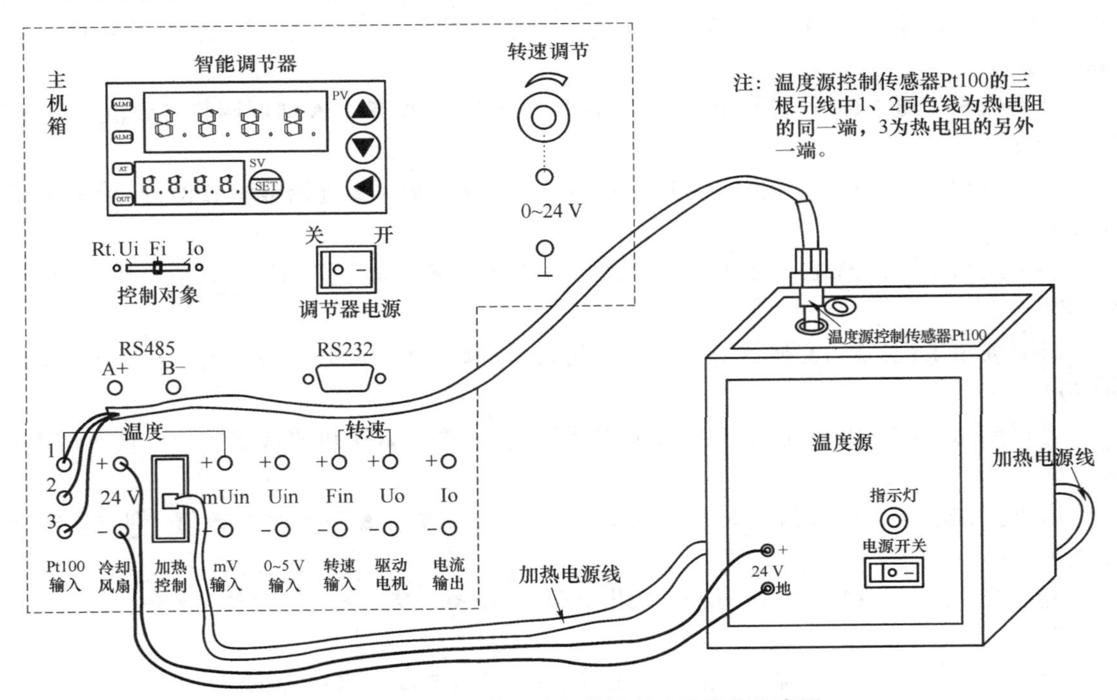

图 11－2　温度源的温度调节控制实验接线示意图

具体设置温度控制参数方法步骤如下：

①首先设置 Sn（输入方式）：按住 SET 键保持约 3 s，仪表进入参数设置状态，PV 窗显

示 AL－1（上限报警）。再按 SET 键 11 次，PV 窗显示 Sn（输入方式），按▼、▲键可调整参数值，使 SV 窗显示 Pt1。

②再按 SET 键，PV 窗显示 OP－A（主控输出方式），按▼、▲键修改参数值，使 SV 窗显示 2。

③再按 SET 键，PV 窗显示 OP－B（副控输出方式），按▼、▲键修改参数值，使 SV 窗显示 1。

④再按 SET 键，PV 窗显示 ALP（报警方式），按▼、▲键修改参数值，使 SV 窗显示 1。

⑤再按 SET 键，PV 窗显示 COOL（正反控制选择），按▼键，使 SV 窗显示 0。

⑥再按 SET 键，PV 窗显示 P－SH（显示上限），长按▲键修改参数值，使 SV 窗显示 180。

⑦再按 SET 键，PV 窗显示 P－SL（显示下限），长按▼键修改参数值，使 SV 窗显示－1999。

⑧再按 SET 键，PV 窗显示 Addr（通信地址），按◀、▼、▲三键调整参数值，使 SV 窗显示 1。

⑨再按 SET 键，PV 窗显示 bAud（通信波特率），按◀、▼、▲三键调整参数值，使 SV 窗显示 9600。

⑩长按 SET 键快捷退出，再按住 SET 键保持约 3 s，仪表进入参数设置状态，PV 窗显示 AL－1（上限报警）；按◀、▼、▲三键可调整参数值，使 SV 窗显示实验给定值（如 100 ℃）。

⑪再按 SET 键，PV 窗显示 Pb（传感器误差修正），按▼、▲键可调整参数值，使 SV 窗显示 0。

⑫再按 SET 键，PV 窗显示 P（速率参数），按◀、▼、▲键调整参数值，使 SV 窗显示 280。

⑬再按 SET 键，PV 窗显示 I（保持参数），按◀、▼、▲三键调整参数值，使 SV 窗显示 380。

⑭再按 SET 键，PV 窗显示 D（滞后时间），按◀、▼、▲键调整参数值，使 SV 窗显示 70。

⑮再按 SET 键，PV 窗显示 FILT（滤波系数），按▼、▲键可修改参数值，使 SV 窗显示 2。

⑯再按 SET 键，PV 窗显示 dp（小数点位置），按▼、▲键修改参数值，使 SV 窗显示 1。

⑰再按 SET 键，PV 窗显示 outH（输出上限），按◀、▼、▲三键调整参数值，使 SV 窗显示 110。

⑱再按 SET 键，PV 窗显示 outL（输出下限），长按▼键，使 SV 窗显示 0 后释放▼键。

⑲再按 SET 键，PV 窗显示 AT（自整定状态），按▼键，使 SV 窗显示 0。

⑳再按 SET 键，PV 窗显示 LoCK（密码锁），按▼键，使 SV 窗显示 0。

㉑长按 SET 键快捷退出，转速控制参数设置完毕。

（3）按住▲键约 3 s，仪表进入 SP 给定值（实验值）设置，此时可按上述方法按◀、

▼、▲三键设定实验值，使 SV 窗显示值与 AL－1（上限报警）值一致（如 100.0 ℃）。

（4）再合上图 11－2 中温度源的电源开关，较长时间观察 PV 窗测量值的变化过程（最终在 SV 给定值左右调节波动）。

（5）做其他任意温度值实验时（温度≤100 ℃），只要重新设置 AL－1（上限报警）和 SP 给定值，即 AL－1（上限报警）＝SP 给定值。设置方法：按住 SET 键保持约 3 s，仪表进入参数设置状态，PV 窗显示 AL－1（上限报警）。按◀、▼、▲键可修改参数值，使 SV 窗显示要新做的温度实验值；再长按 SET 键快捷退出之后，按住▲键约 3 s，仪表进入 SP 给定值（实验值）设置，此时可按◀、▼、▲三键修改给定值，使 SV 窗显示值与AL－1（上限报警）值一致（要新做的温度实验值）。较长时间观察 PV 窗测量值的变化过程（最终在 SV 给定值左右调节波动）。

（6）大范围改变控制参数 P 或 I 或 D 的其中之一设置值（注：其他任何参数的设置值不要改动），观察 PV 窗测量值的变化过程（控制调节效果）。这说明了什么问题？

实验完毕，关闭电源。

五、实验注意事项

（1）接线与拆线前先关闭电源。

（2）将接插线插入插孔，以保证接触良好，切忌用力拉扯接插线尾部，以免造成线内导线断裂。

（3）在温度源进行加热的过程中，请不要中途停止加热，否则会影响实验测量数据。

（4）本实验由于受到温度源及安全上的限制，所做的实验温度值≤100 ℃。

（5）实验结束时，请勿立即用手直接接触 Pt100 的温度测量端，否则会被烫伤。

六、思考题

（1）PID 调节中各参数（比例、积分、微分系数）对控制效果的影响是什么？

（2）按 SET 键并保持约 3 s，即进入参数设置状态，只大范围改变控制参数 P 或 I 的其中之一设置值（注：其他任何参数的设置值不要改动），进行温度控制调节，观察 PV 窗测量值的变化过程，看能否达到控制平衡及控制误差大小。这说明了什么问题？

实验十二　Pt100 铂电阻测温特性实验

一、实验目的和要求

（1）在实验十一的基础上，了解 Pt100 热电阻－电压转换方法。

（2）了解 Pt100 热电阻测温特性与应用。

二、实验基本理论

利用导体电阻随温度变化的特性，可以制成热电阻，要求其材料电阻温度系数大、稳定性好、电阻率高，电阻与温度之间最好有线性关系。常用的热电阻有铂电阻（500 ℃以内）和铜电阻（150 ℃以内）。铂电阻是将 0.05～0.07 mm 的铂丝绕在线圈骨架上封装在玻璃或陶瓷内构成，图 12－1 是铂电阻的结构。

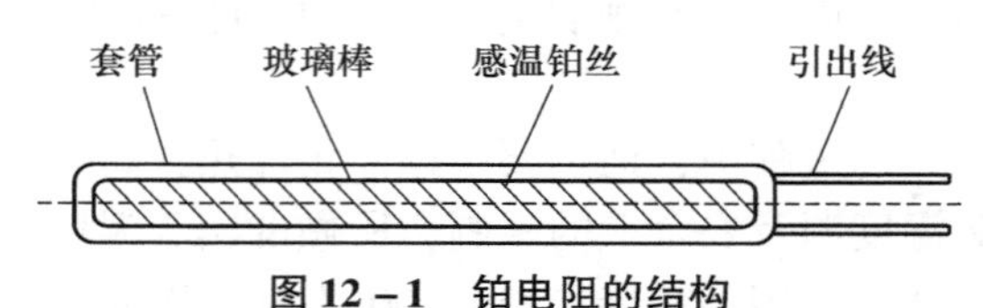

图 12－1　铂电阻的结构

在 0～500 ℃以内，它的电阻 R_t 与温度 t 的关系为：

$$R_t = R_0(1 + At + Bt^2)$$

式中，R_0 为温度为 0 ℃时的电阻值（本实验的铂电阻 $R_0 = 100\ \Omega$）。$A = 3.968\,4 \times 10^{-3}/℃$，$B = -5.847 \times 10^{-7}/℃^2$。铂电阻一般是三线制，其中一端接一根引线，另一端接两根引线，主要为远距离测量消除引线电阻对桥臂的影响（近距离可用二线制，导线电阻忽略不计）。实际测量时将铂电阻随温度变化的阻值通过电桥转换成电压的变化量输出，再经放大器放大后直接用电压表显示，如图 12－2 所示。

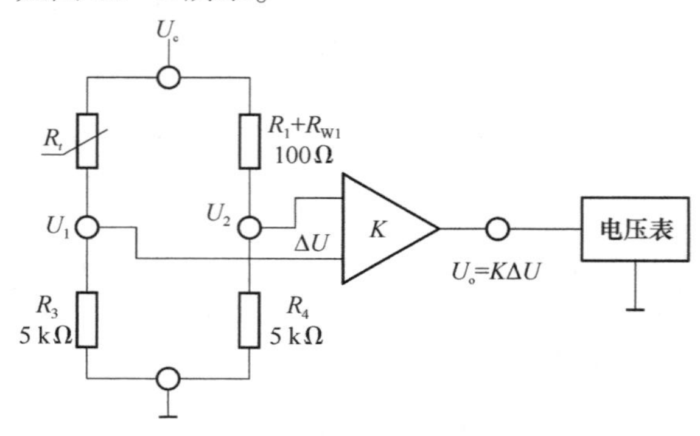

图 12－2　热电阻信号转换原理图

图中：$\Delta U = U_1 - U_2$；$U_1 = [R_3/(R_3 + R_t)]U_c$；$U_2 = [R_4/(R_4 + R_1 + R_{W1})]U_c$

$$\Delta U = U_1 - U_2 = \{[R_3/(R_3 + R_t)] - [R_4/(R_4 + R_1 + R_{W1})]\}U_c$$

所以

$$U_o = K\Delta U = K\{[R_3/(R_3 + R_t)] - [R_4/(R_4 + R_1 + R_{W1})]\}U_c$$

式中，R_t 随温度的变化而变化，其他参数都是常量，所以放大器的输出 U_o 与温度（R_t）有一一对应关系，通过测量 U_o 可计算出 R_t：

$$R_t = R_3[K(R_1 + R_{W1})U_c - (R_4 + R_1 + R_{W1})U_o]/[KU_cR_4 + (R_4 + R_1 + R_{W1})U_o]$$

Pt100 热电阻一般应用在冶金、化工行业及需要温度测量控制的设备上，适用于测量、控制小于600 ℃的温度。本实验由于受到温度源及安全方面的限制，所做的实验温度值≤100 ℃。

三、设备仪器、工具及材料

JSCG－2 型传感器检测技术实验台机箱中的智能调节器单元、电压表、转速调节 0 ~ 24 V 直流稳压电源、±15 V 直流稳压电源、±2 ~ ±10 V（步进可调）直流稳压电源；温度源、Pt100 热电阻两支（一支作温度源控制用、另外一支用于温度特性实验）、温度传感器实验模板；压力传感器实验模板（作为直流 mV 信号发生器）、4 $\frac{1}{2}$位数显万用表（自备）。

温度传感器实验模板简介：图 12－3 中的温度传感器实验模板是由三运放组成的测量放大电路、ab 传感器符号、传感器信号转换电路（电桥）及放大器工作电源引入插孔构成；其中 R_{W1}实验模板内部已调试好（$R_{W1} + R_1 = 100\ \Omega$）；$R_{W1}$为放大器的增益电位器；$R_{W2}$为放大器电平移动（调零）电位器；ab 传感器符号“<”接热电偶（K 型热电偶或 E 型热电偶）；双圈符号接 AD590 集成温度传感器；R_t 接热电阻（Pt100 铂电阻或 Cu50 铜电阻）。具体接线参照具体实验。

四、步骤和过程

（1）温度传感器实验模板放大器调零。按图 12－3 示意图接线，将主机箱上的电压表量程切换开关打到 2 V 挡，检查接线无误后合上主机箱电源开关，调节温度传感器实验模板中的 R_{W1}（增益电位器）并顺时针转到底，再调节 R_{W2}（调零电位器）使主机箱的电压表显示为 0（零位调好后 R_{W2}电位器旋钮位置不要改动）。关闭主机箱电源。

（2）调节温度传感器实验模板放大器的增益 K 为 10 倍。利用压力传感器实验模板的零位偏移电压作为温度传感器实验模板放大器的输入信号来确定温度传感器实验模板放大器的增益 K。按图 12－4示意图接线，检查接线无误后（尤其要注意实验模板的工作电源为 ±15 V），合上主机箱电源开关，调节压力传感器实验模板上的 R_{W2}（调零电位器），使压力传感器实验模板中的放大器输出电压为 0.020 V（用主机箱电压表测量）；再将 0.020 V 电压输入到温度传感器实验模板的放大器中，再调节温度传感器实验模板中的增益电位器 R_{W1}（小心：不要误碰调零电位器 R_{W2}），使温度传感器实验模板放大器的输出电压为 0.200 V（增益调好后 R_{W1}电位器旋钮位置不要改动）。关闭电源。

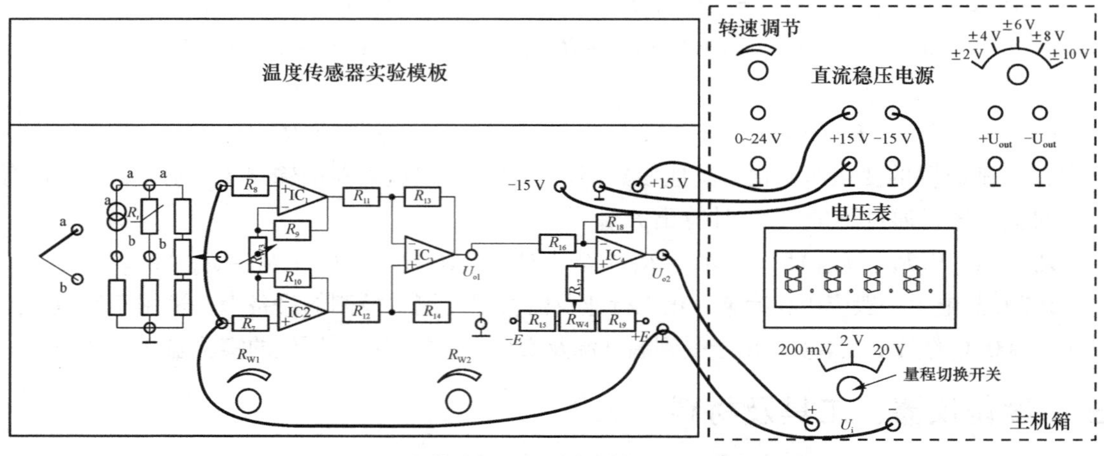

图 12-3　温度传感器实验模板放大器调零接线示意图

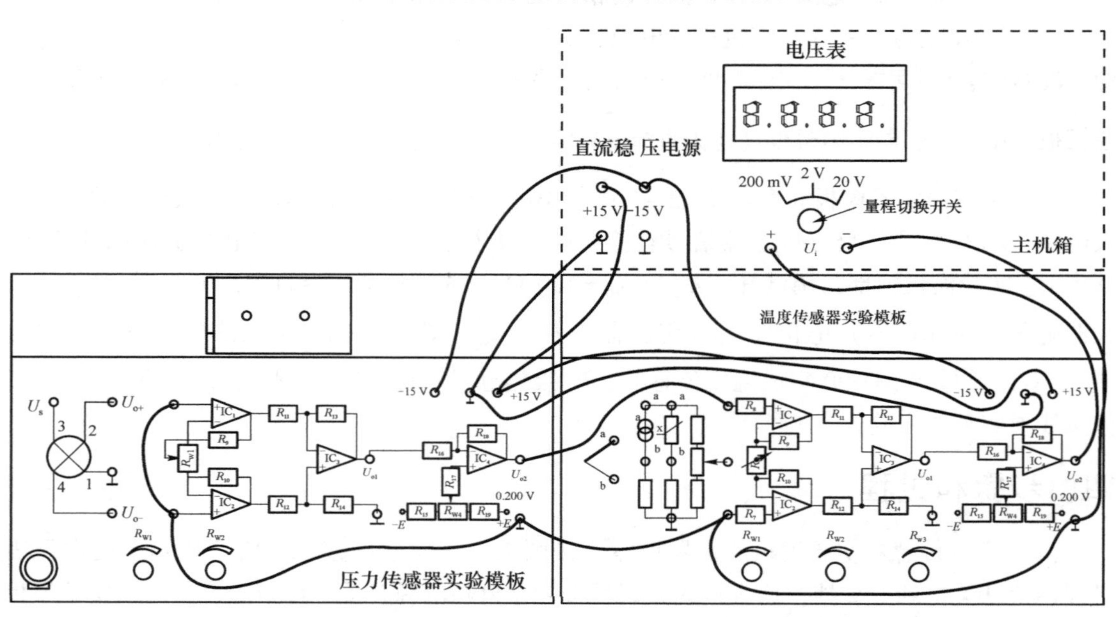

图 12-4　调节温度实验模板放大器增益 K 接线示意图

（3）用万用表 200 Ω 挡测量并记录 Pt100 热电阻在室温时的电阻值（不要用手抓捏传感器测温端），三根引线中同色线为热电阻的一端，异色线为热电阻的另一端（用万用表测量时估计误差较大，按理应该用惠斯顿电桥测量，实验是为了理解、掌握原理，误差稍大点无所谓，不影响实验）。

（4）Pt100 热电阻测量室温时的输出。撤去压力传感器实验模板，将主机箱中的 ±2 ~ ±10 V（步进可调）直流稳压电源调节到 ±2 V 挡；电压表量程切换开关打到 2 V 挡。再按图 12-5 示意图接线，检查接线无误后合上主机箱电源开关，待电压表显示不再上升处于稳定值时记录室温时温度传感器实验模板放大器的输出电压 U_o（电压表显示值）。关闭电源。

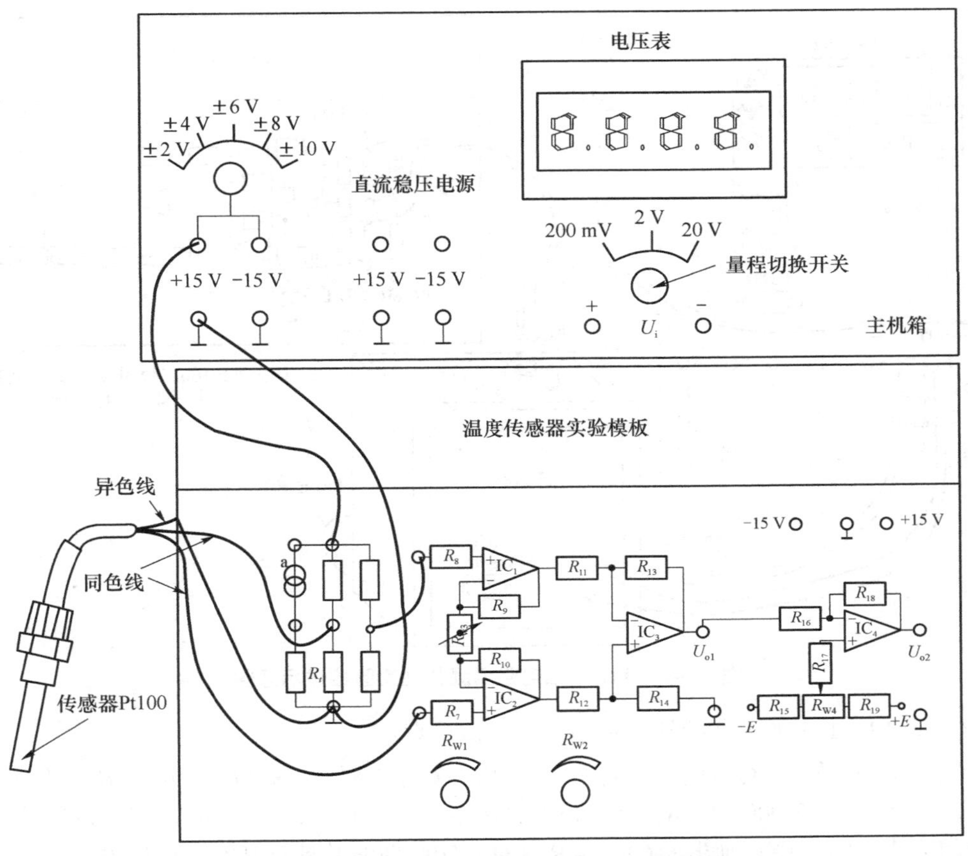

图 12-5　Pt100 热电阻测量室温时接线示意图

（5）保留图 12-5 的接线同时将实验传感器 Pt100 铂电阻插入温度源中，温度源的温度控制接线按图 12-6 示意图接线。将主机箱上的转速调节旋钮（0～24 V）顺时针转到底（24 V），将智能调节器控制对象开关拨到“Rt. Ui”位置。检查接线无误后合上主机箱电源，再合上智能调节器电源开关和温度源电源开关，将温度源调节控制在 40 ℃（智能调节器参数的设置及使用和温度源的使用实验方法参阅实验十一），待电压表显示上升到平衡点时记录数据。

（6）温度源的温度在 40 ℃的基础上，可按 $\Delta t=5$ ℃（温度源在 40～100 ℃范围内）增加来设定温度源温度值，待温度源温度动态平衡时读取主机箱电压表的显示值并填入表 12-1。

表 12-1　Pt100 热电阻测温实验数据

t/ ℃	室温	40	45		…					100
U_o/V					…					
R_t/ Ω					…					

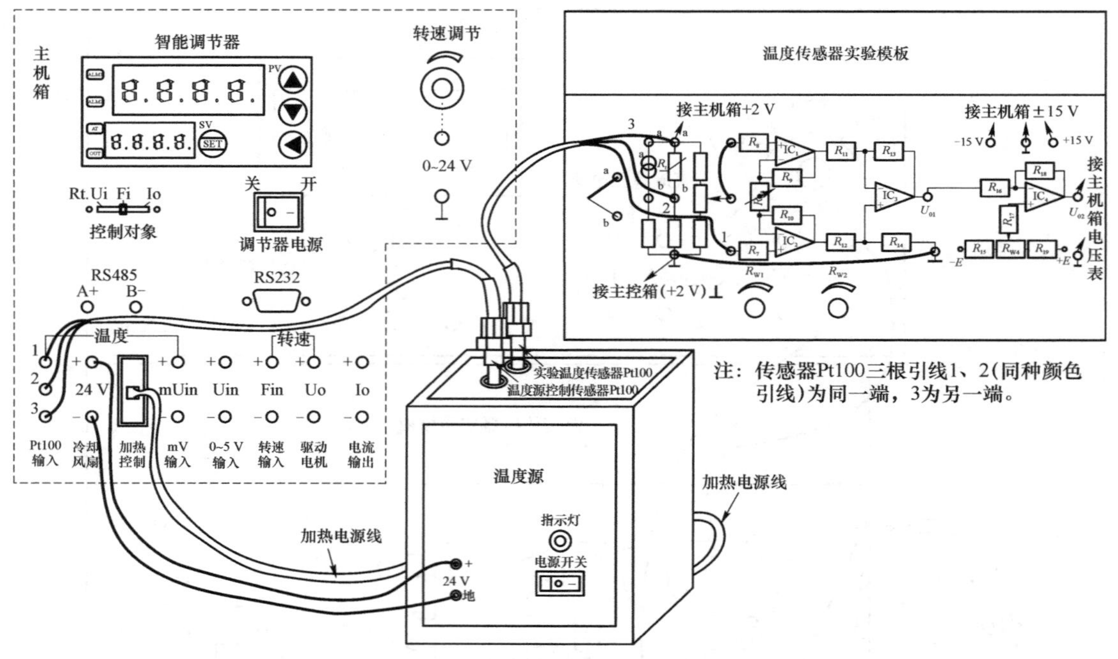

图 12－6　Pt100 铂电阻测温特性实验接线示意图

（7）表 12－1 中的 R_t 数据值根据 U_o、U_c 值计算：

$$R_t = R_3[K(R_1 + R_{W1})U_c - (R_4 + R_1 + R_{W1})U_o]/[KU_cR_4 + (R_4 + R_1 + R_{W1})U_o]$$

式中，$K=10$；$R_3=5\,000\ \Omega$；$R_4=5\,000\ \Omega$；$R_1+R_{W1}=100\ \Omega$；$U_c=4$ V；U_o 为测量值。将计算值填入表 12－1 中，画出 t（℃）－R_t（Ω）实验曲线并计算其非线性误差。

（8）再根据书中附录 A 的 Pt100 铂电阻与温度 t 的对应表中数值与实验结果相对照。最后将调节器实验温度设置到 40 ℃，待温度源回到 40 ℃左右后实验结束。关闭所有电源。

五、实验注意事项

（1）接线与拆线前先关闭电源。

（2）将接插线插入插孔，以保证接触良好，切忌用力拉扯接插线尾部，以免造成线内导线断裂。

（3）Pt100 铂电阻设计参数：A 级在 0 ℃时的电阻值 $R_0=100\ \Omega \pm 0.06\ \Omega$；B 级 $R_0=100\ \Omega \pm 0.12\ \Omega$，Pt100 铂电阻各种温度对应阻值见附录 A。Pt100R 允许通过的最大测量电流为 5 mA，由此产生的温升不大于 0.3 ℃。设计时 Pt100 上通过的电流不能大于 5 mA。

六、思考题

实验误差由哪些因素造成？请验证一下：R_t 计算公式中的 R_3、R_4、R_1+R_{W1}（它们的阻值在不接线的情况下用 $4\frac{1}{2}$ 位数显万用表测量）、U_c 用实际测量值代入计算是否会减小误差？

实验十三　Cu50 铜电阻测温特性实验

一、实验目的和要求

了解铜电阻测温原理与应用。

二、实验基本理论

铜电阻测温原理与铂电阻一样，利用的导体电阻随温度变化的特性。常用铜电阻 Cu50 在 −50 ~ +150 ℃以内，电阻 R_t 与温度 t 的关系为：

$$R_t = R_0(1 + \alpha t)$$

式中，R_0 为温度为 0 ℃时的电阻值（Cu50 在 0 ℃时的电阻值 R_0 = 50 Ω）；α 是电阻温度系数，α = （4.25 ~4.28）$\times 10^{-3}$/ ℃。铜电阻采用直径为 0.1 mm 的绝缘铜丝绕在绝缘骨架上，再用树脂保护。铜电阻的优点是线性好、价格低、α 值大，但易氧化，氧化后线性度变差。所以铜电阻只能检测较低的温度。铜电阻与铂电阻测温时的接线方法相同，一般也是三线制。

三、设备仪器、工具及材料

JSCG－2 型传感器检测技术实验台主机箱中的智能调节器单元、电压表、转速调节0 ~ 24 V 直流稳压电源、±15 V 直流稳压电源、±2 ~ ±10 V（步进可调）直流稳压电源；温度源、Pt100 热电阻（温度源控制传感器）、Cu50 热电阻（实验传感器）、温度传感器实验模板；压力传感器实验模板（作为直流 mV 信号发生器）、$4\frac{1}{2}$ 位数显万用表（自备）。

四、步骤和过程

将实验十二中的实验温度传感器 Pt100 铂电阻换成 Cu50 铜电阻，在温度传感器实验模板的桥路电阻 R_1 两端并联一根 100 Ω 的专用连线，实验温度范围为：室温 ~100 ℃。

具体实验接线、实验方法和步骤与实验十二相同。但注意两点：①将实验温度传感器 Pt100 铂电阻换成 Cu50 铜电阻；②在温度传感器实验模板的桥路电阻 R_1 两端并联一根 100 Ω 的专用连线。将实验数据填写到表 13－1。

表 13－1　Cu50 铜电阻测温实验数据

t/ ℃	室温	40	45		…					100
U_o/V					…					
R_t/Ω					…					

（1）表 13－1 中的 R_t 数据值根据 U_o、U_c 值计算：

$$R_t = R_3[K(R_1 + R_{W1})U_c - (R_4 + R_1 + R_{W1})U_o]/[KU_cR_4 + (R_4 + R_1 + R_{W1})U_o]$$

式中，$K=10$；$R_3=5\,000\ \Omega$；$R_4=5\,000\ \Omega$；$R_1+R_{W1}=50\ \Omega$；$U_c=4$ V；U_o 为测量值。将计算值填入表 13－1 中，画出 t(℃)－R_t(Ω) 实验曲线并计算其非线性误差。

（2）再根据书中附录 B 中的 Cu50 铜电阻与温度 t 的对应表中数值与实验结果相对照。最后将智能调节器实验温度设置到 40 ℃，待温度源回到 40 ℃左右后实验结束。关闭所有电源。

五、实验注意事项

（1）接线与拆线前先关闭电源。

（2）将接插线插入插孔，以保证接触良好，切忌用力拉扯接插线尾部，以免造成线内导线断裂。

六、思考题

根据实验数据分析铜电阻与温度是否呈线性关系？

实验十四　K 型热电偶测温性能实验

一、实验目的和要求

了解热电偶测温原理、方法及应用。

二、实验基本理论

1. 热电偶测温原理

1821 年德国物理学家塞贝克（T. J. Seebeck）发现和证明了两种不同材料的导体 A 和 B 组成的闭合回路，当两个接点温度不相同时，回路中将产生电动势。这种物理现象称为热电效应（塞贝克效应）。

热电偶测温原理利用的热电效应。如图 14－1 所示，热电偶就是将 A 和 B 两种不同金属材料的一端焊接而成。A 和 B 称为热电极，焊接的一端是接触热场的 T 端，称为工作端或测量端，也称热端；未焊接的一端处在温度 T_0，称为自由端或参考端，也称冷端（用来连接测量仪表的两根导线 C 是同样的材料，可以与 A 和 B 为不同种材料）。T 与 T_0 的温差愈大，热电偶的输出电动势愈大；温差为 0 时，热电偶的输出电动势为 0；因此，可以通过测量热电动势大小来衡量温度的大小。国际上，将热电偶的 A、B 热电极材料分成若干分度号，如常用的 K（镍铬－镍硅或镍铝）、E（镍铬－康铜）、T（铜－康铜）等，并且有相应的分度表，即参考端温度为 0 ℃时的测量端温度与热电动势的对应关系表；可以通过测量热电偶输出的热电动势值再查分度表得到相应的温度值。热电偶一般应用在冶金、化工和炼油行业，用于测量、控制较高的温度。

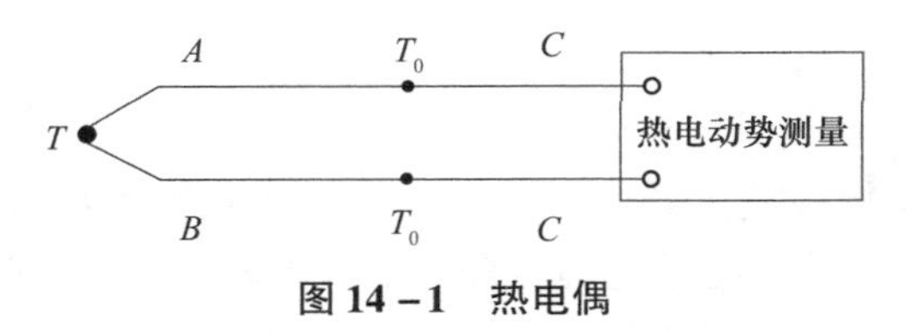

图 14－1　热电偶

2. 热电偶使用说明

热电偶由 A、B 热电极材料及直径（偶丝直径）决定其测温范围，如 K 型（镍铬－镍硅或镍铝）热电偶，偶丝直径为 3.2 mm 时测温范围为 0～1 200 ℃，本实验用的 K 型热电偶偶丝直径为 0.5 mm，测温范围为 0～800 ℃；E 型（镍铬－康铜）热电偶，偶丝直径为 3.2 mm 时测温范围为 －200～＋750 ℃。实验用的 E 型热电偶偶丝直径为 0.5 mm，测温范围为 －200～＋350 ℃。由于温度源温度≤100 ℃，所以，所有热电偶实际测温实验范围≤100 ℃。

从热电偶的测温原理可知，热电偶测量的是测量端与参考端之间的温度差，必须保证参考端温度为0 ℃时才能正确测量测量端的温度，否则存在着参考端所处环境温度值误差。

热电偶的分度表（见附录C）是定义在热电偶的参考端（冷端）为0 ℃时热电偶输出的热电动势与热电偶测量端（热端）温度值的对应关系。热电偶测温时要对参考端（冷端）进行修正（补偿），计算公式为：

$$E(t, t_0) = E(t, t_0') + E(t_0', t_0)$$

式中，$E(t, t_0')$——热电偶测量端温度为 t，参考端温度为 $t_0 = 0$ ℃时的热电动势值；

$E(t, t_0')$——热电偶测量温度为 t，参考端温度为 $t_0' \neq 0$ ℃时的热电动势值；

$E(t_0', t_0)$——热电偶测量端温度为 t_0'，参考端温度为 $t_0 = 0$ ℃时的热电动势值。

例：用一支分度号为K型（镍铬－镍硅）热电偶测量温度源的温度，工作时的参考端温度（室温）$t_0' = 20$ ℃，而测得热电偶输出的热电动势（经过放大器放大的信号，假设放大器的增益 $A = 10$）为32.7 mV，则 $E(t, t_0') = 32.7\ \text{mV}/10 = 3.27\ \text{mV}$，那么热电偶测得温度源的温度是多少呢？

解：由附表C查得

$$E(t_0', t_0) = E(20, 0) = 0.798(\text{mV})$$

已测得

$$E(t, t_0') = 32.7/10 = 3.27\ (\text{mV})$$

故

$$E(t, t_0) = E(t, t_0') + E(t_0', t_0) = 3.27 + 0.798 = 4.068(\text{mV})$$

热电偶测量温度源的温度可以从分度表中查出，与4.068 mV所对应的温度是100 ℃。

三、设备仪器、工具及材料

JSCG－2型传感器检测技术实验台主机箱中的智能调节器单元、电压表、转速调节0～24 V直流稳压电源、±15 V直流稳压电源；温度源、Pt100热电阻（温度源控制传感器）、K型热电偶（温度特性实验传感器）、温度传感器实验模板；压力传感器实验模板（作为直流mV信号发生器）。

四、步骤和过程

（1）温度传感器实验模板放大器调零。按图14－2示意图接线。将主机箱上的电压表量程切换开关打到2 V挡，检查接线无误后合上主机箱电源开关，调节温度传感器实验模板中的 R_{W1}（增益电位器），将其顺时针转到底，再调节 R_{W2}（调零电位器），使主机箱的电压表显示为0（零位调好后 R_{W2} 电位器旋钮的位置不要改动）。关闭主机箱电源。

（2）调节温度传感器实验模板放大器的增益 A 为100倍。利用应变传感器实验模板电桥部分的电位器分压作为温度传感器实验模板放大器的输入信号来确定温度传感器实验模板放大器的增益 A。R_{W1} 电位器接入5 V电源，分压出0.01 V电压输入到温度传感器实验模板的放大器中，再调节温度传感器实验模板中的增益电位器 R_{W1}（小心：不要误碰调零电位器 R_{W2}），使温度传感器实验模板放大器的输出电压为1.00 V（增益调好后 R_{W1} 电位器旋钮位置不要改动）。然后关闭电源。接线如图14－3所示。

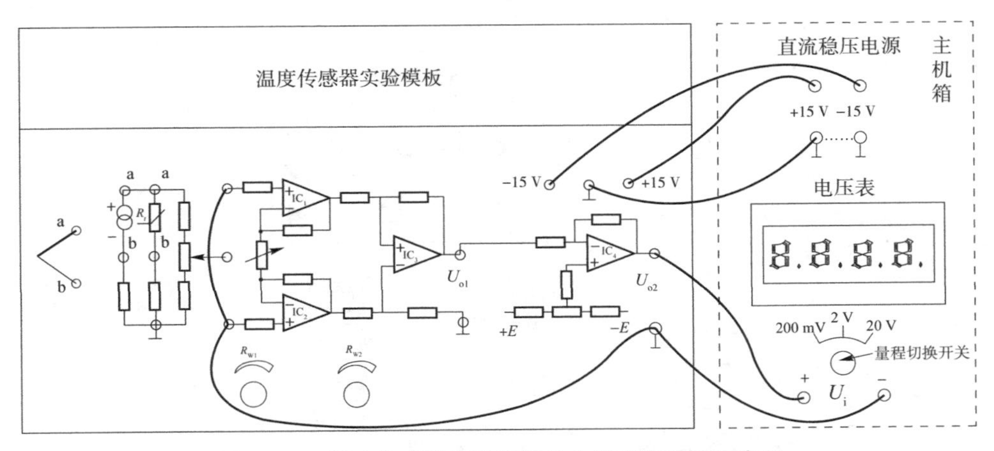

图 14－2　温度传感器实验模板放大器调零接线示意图

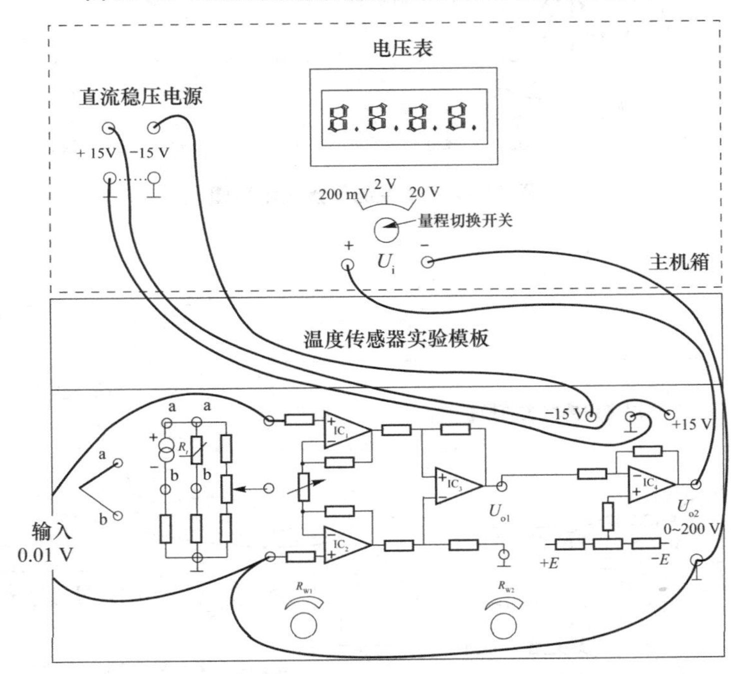

图 14－3　调节温度传感器实验模板放大器增益 *K* 接线示意图

（3）测量室温值 t_0'。按图 14－4 示意图接线（不要用手抓捏 Pt100 热电阻测温端），把 Pt100 热电偶放在桌面上。检查接线无误后，将智能调节器的控制对象开关拨到“Rt. Ui”位置后再合上主机箱电源开关和智能调节器电源开关。稍待一分钟左右，记录下智能调节器 PV 窗显示的室温值（上排数码管显示值）为 t_0'，关闭智能调节器电源和主机箱电源开关，将 Pt100 热电阻插入温度源中。

（4）热电偶测室温（无温差）时的输出。按图 14－5 示意图接线（不要用手抓捏 K 型热电偶测温端），把热电偶放在桌面上。将主机箱电压表的量程切换开关切换到 200 mV 挡，检查接线无误后，合上主机箱电源开关，稍待一分钟左右，记录电压表显示值 U_o，计算 $U_o \div 100$，再查附录 C 得 $\Delta t \approx 0$ ℃（无温差时输出为 0）。

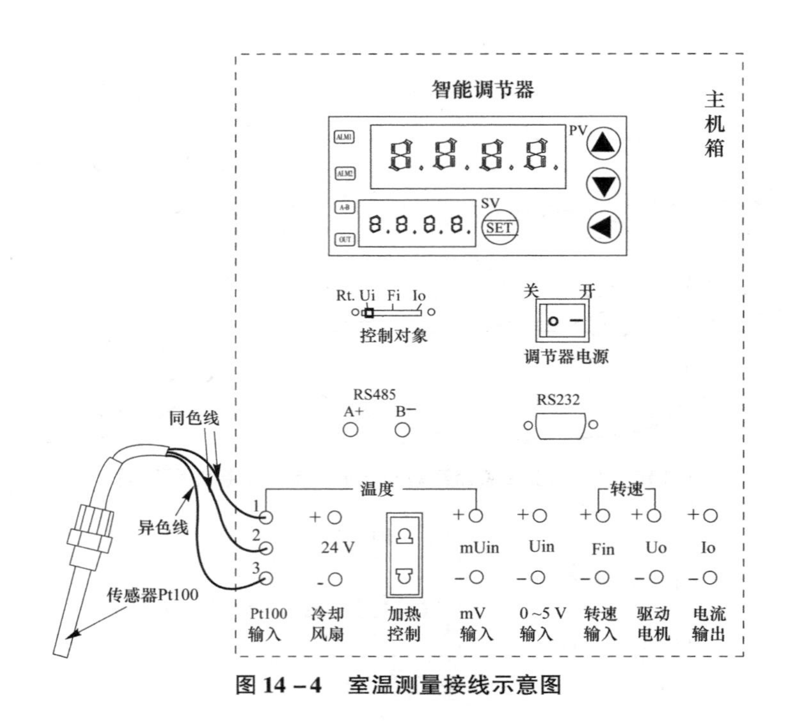

图 14－4 室温测量接线示意图

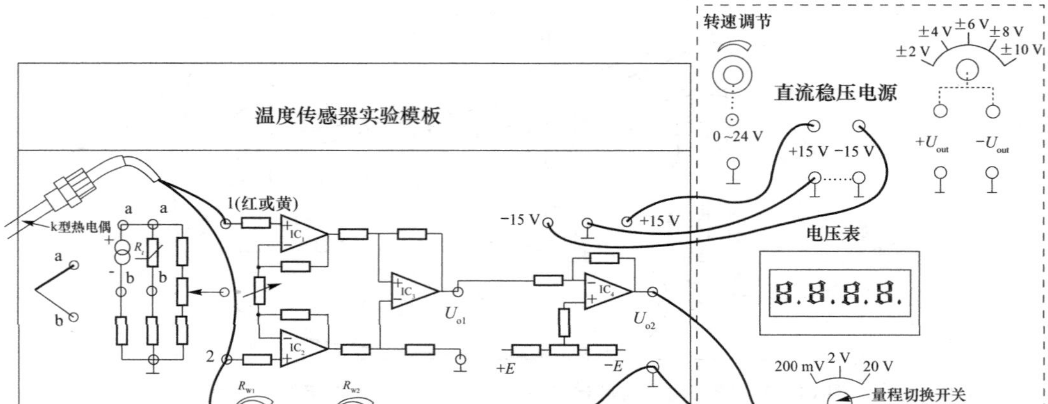

图 14－5 热电偶测无温差时实验接线示意图

（5）利用电平移动法进行冷端温度补偿。实验步骤（3）中记录下的室温值是工作时的参考端温度即为热电偶冷端温度 t_0'；根据热电偶冷端温度 t_0'查附表 C K 型热电偶分度表得到 $E(t_0', t_0)$，再根据 $E(t_0', t_0)$ 进行冷端温度补偿。

将图 14－5 中的电压表量程切换开关切换到 2 V 挡，调节温度传感器实验模板中的 R_{W2}（电平移动），使电压表显示 $U_o = E(t_0',t_0) \times A = E(t_0',t_0) \times 100$。冷端温度补偿调节好后不要再改变 R_{W2}的位置，关闭主机箱电源开关，将热电偶插入温度源中。

（6）热电偶测温特性实验。温度源的控制按图14－6示意图接线，将主机箱上的转速调节旋钮（0～24 V）顺时针转到底（24 V）；将智能调节器控制对象开关拨到“Rt. Ui”位置。检查接线无误后合上主机箱电源开关，再合上智能调节器电源开关和温度源电源开关，将温度源调节控制在40 ℃（智能调节器参数的设置及使用和温度源的使用实验方法参阅实验十一），待电压表显示上升到平衡点时记录数据。再按表14－1中的数据设置温度源的温度并将放大器的相应输出值填入表中。

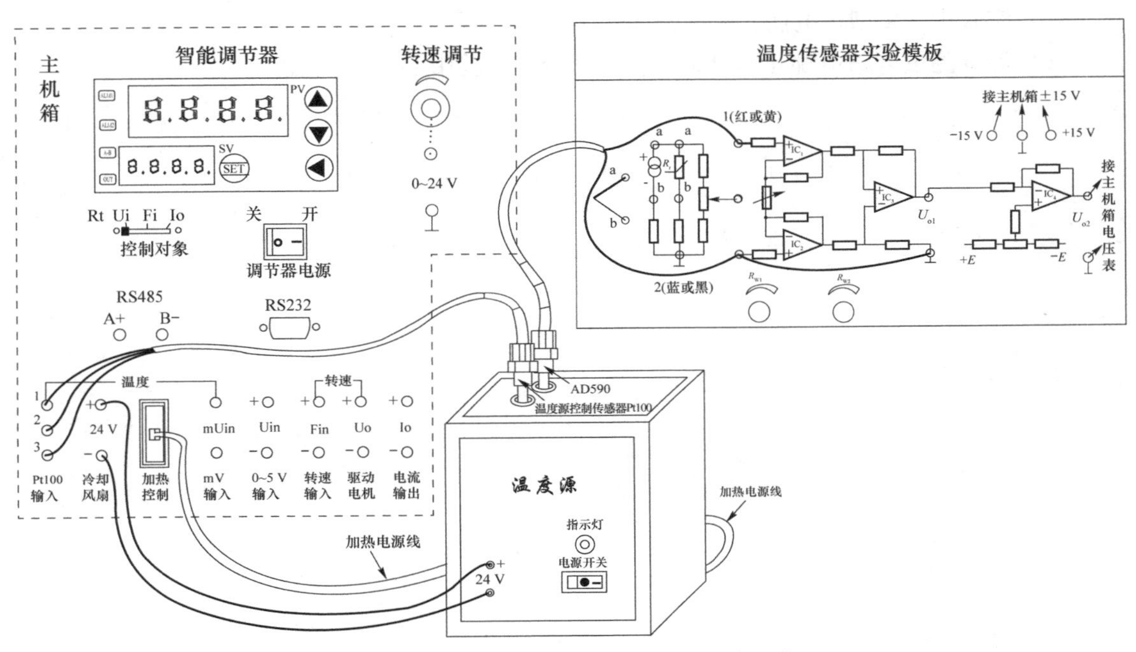

图14－6　K型热电偶测温特性实验接线示意图

表14－1　K型热电偶热电动势（经过放大器放大 $A=100$ 倍后的热电动势）与温度数据

t/ ℃	室温	40	45	…	100
U_o/mV					

（7）由 $E(t,t_0)=E(t,t_0')+E(t_0',t_0)=U_o/A$ 计算得到 $E(t,\ t_0)$，再根据 $E(t,\ t_0)$ 的值从附录C中可以查到相应的温度值并与实验给定温度值对照（注：热电偶一般应用于测量比较高的温度，不能只看绝对误差。如绝对误差为8 ℃，但它的相对误差即精度 $=\frac{8}{800}\times 100\%=1\%$）。最后将智能调节器实验温度设置到40 ℃，待温度源回复到40 ℃左右后关闭所有电源。

五、实验注意事项

（1）接线与拆线前先关闭电源。

（2）将接插线插入插孔，以保证接触良好，切忌用力拉扯接插线尾部，以免造成线内导线断裂。

（3）采用 K 型热电偶进行室温测量时，不要用手抓捏 K 型热电偶测温端。

（4）实验模板放大器调零和增益调节完成后，R_{W1}、R_{W2}电位器旋钮的位置不要再改动。

六、思考题

（1）热电偶测量的是温差值还是摄氏温度值？

（2）实验中，K 型热电偶起什么作用？

（3）温度测量电路由哪几部分组成？各部分在实验中起什么作用？

实验十五　E 型热电偶测温性能实验

一、实验目的和要求

了解不同分度号热电偶测量温度的性能与应用。

二、实验基本理论

1. 热电偶测温原理（请参阅实验十四）

2. 热电偶使用说明（请参阅实验十四）

3. 热电偶的基本定律

（1）均质导体定律。

由一种均质导体组成的闭合回路，不论导体的截面积和长度如何，也不论各处的温度分布如何，都不能产生热电动势。

（2）中间导体定律。

用两种金属导体 A、B 组成热电偶测量时，在测温回路中必须通过连接导线接入仪表测量温差电动势 $E_{AB}(T, T_0)$，而这些导体材料和热电偶导体 A、B 的材料往往并不相同。在这种引入了中间导体的情况下，回路中的温差电动势是否发生变化呢？热电偶中间导体定律指出：在热电偶回路中，只要中间导体 C 两端温度相同，那么接入中间导体 C 对热电偶回路总热电动势 $E_{AB}(T, T_0)$ 没有影响。

（3）中间温度定律。

如图 15－1 所示，热电偶的两个接点温度为 T_1、T_2时，热电动势为 $E_{AB}(T_1, T_2)$；两接点温度为 T_2、T_3时，热电动势为 $E_{AB}(T_2, T_3)$，那么当两接点温度为 T_1、T_3时的热电动势则为

$$E_{AB}(T_1,T_2) + E_{AB}(T_2,T_3) = E_{AB}(T_1,T_3) \qquad (15-1)$$

式（15－1）就是中间温度定律的表达式。譬如：$T_1=100$ ℃，$T_2=40$ ℃，$T_3=0$ ℃，则

$$E_{AB}(100, 40) + E_{AB}(40, 0) = E_{AB}(100, 0) \qquad (15-2)$$

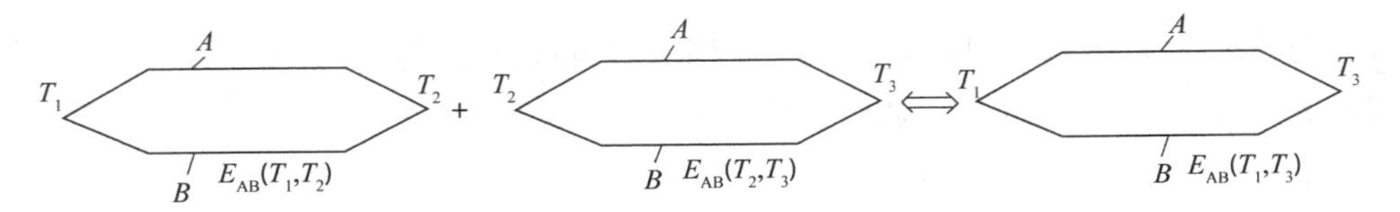

图 15－1　中间定律示意图

4. 热电偶的分度号

热电偶的分度号是其分度表的代号（一般用大写字母 S、R、B、K、E、J、T、N 表示），它是在热电偶的参考端为 0 ℃的条件下，以列表的形式表示热电动势与测量端温度的关系。

三、设备仪器、工具及材料

JSCG－2 型传感器检测技术实验台主机箱中的智能调节器单元、电压表、转速调节0～24 V 直流稳压电源、±15 V 直流稳压电源；温度源、Pt100 热电阻（温度源控制传感器）、E 型热电偶（温度特性实验传感器）、温度传感器实验模板；压力传感器实验模板（作为直流 mV 信号发生器）。

四、步骤和过程

（1）将实验十四中的 K 型热电偶换成 E 型热电偶（温度特性实验传感器），实验接线、方法和步骤完全与实验十四相同。

（2）按实验十四进行实验并将实验数据填入表 15－1 中。

表 15－1　E 型热电偶热电动势（经过放大器放大 $A=100$ 倍后的热电动势）与温度数据

t/℃	室温	40	45	…	100
U_o/mV					

（3）由 $E(t,t_0)=E(t,t_0')+E(t_0',t_0)=U_o/A$ 计算得到 $E(t,t_0)$，再根据 $E(t,\ t_0)$ 的值从附录 D 可以查到相应的温度值并与实验给定温度值对照计算误差。将智能调节器实验温度设置到 40 ℃，待温度源回复到 40 ℃左右后关闭所有电源。

五、实验注意事项

（1）接线与拆线前先关闭电源。

（2）将接插线插入插孔，以保证接触良好，切忌用力拉扯接插线尾部，以免造成线内导线断裂。

（3）采用 E 型热电偶进行室温测量时，不要用手抓捏 E 型热电偶测温端。

（4）实验模板放大器调零和增益调节完成后，R_{W1}、R_{W2}电位器旋钮的位置不要再改动。

六、思考题

（1）分度号为 K 型和 E 型的热电偶，它们的电极材料分别是什么？

（2）相同温度下，K 型热电偶的热电动势大还是 E 型的大？

实验十六　集成温度传感器（AD590）温度特性实验

一、实验目的和要求

（1）了解常用集成温度传感器的基本原理与性能。

（2）应用 AD590 实现对温度的检测和简单控制。

二、实验基本理论

集成温度传感器将温敏晶体管与相应的辅助电路集成在同一芯片上，它能直接给出正比于绝对温度的理想线性输出，一般用于 $-50 \sim +120$ ℃的温度测量。集成温度传感器有电压型和电流型两种。电流输出型集成温度传感器，在一定温度下，它相当于一个恒流源。因此它具有不易受接触电阻、引线电阻、电压噪声的干扰。具有很好的线性特性。本实验采用的是 AD590 电流型集成温度传感器，其输出电流与绝对温度（T）成正比，它的灵敏度为 1 μA/K，所以只要串接一只取样电阻 R（1 kΩ）即可实现电流从 1 μA 到电压 1 mV 的转换，组成最基本的绝对温度（T）测量电路（1 mV/K）。AD590 工作电源为 DC $+4 \sim +30$ V，它具有良好的互换性和线性。如图 16－1 所示为 AD590 测温特性实验原理图。

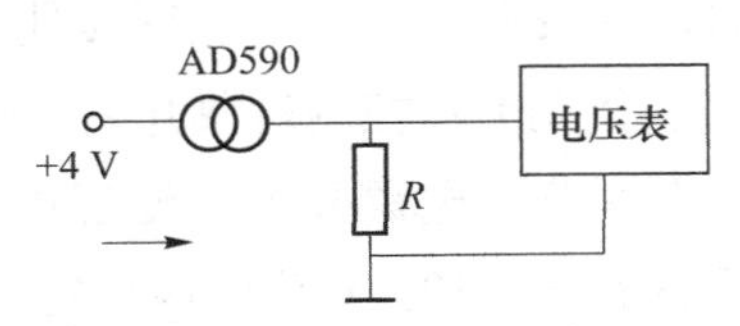

图 16－1　集成温度传感器 AD590 测温特性实验原理图

绝对温度（T）是国际实用温标，也称绝对温标，用符号 T 表示，单位是 K（开尔文）。开氏温度和摄氏温度的分度值相同，即温度间隔 1 K 等于 1 ℃。绝对温度 T 与摄氏温度 t 的关系是：$T = 273.16 + t \approx 273 + t$，显然，绝对零点即为摄氏零下 273.16 ℃（$t \approx -273 + T$ ℃）。

三、设备仪器、工具及材料

JSCG－2 型传感器检测技术实验台主机箱中的智能调节器单元、电压表、转速调节

0 ~ 24 V 直流稳压电源、±2 ~ ±10 V（步进可调）直流稳压电源；温度源、Pt100 热电阻（温度源控制传感器）、集成温度传感器 AD590（温度特性实验传感器）；温度传感器实验模板。

四、步骤和过程

（1）测量室温值 t_0。将主机箱 ±2 ~ ±10 V（步进可调）直流稳压电源调节到 ±4 V 挡，将电压表量程切换开关切到 2 V 挡。按图 16 − 2 接线（不要用手抓捏 AD590 测温端），将集成温度传感器 AD590 放在桌面上。检查接线无误后合上主机箱电源开关。记录电压表显示值 $U_i = 273.16 + t_0$，得 $t_0 \approx U_i - 273$。关闭主电源开关。

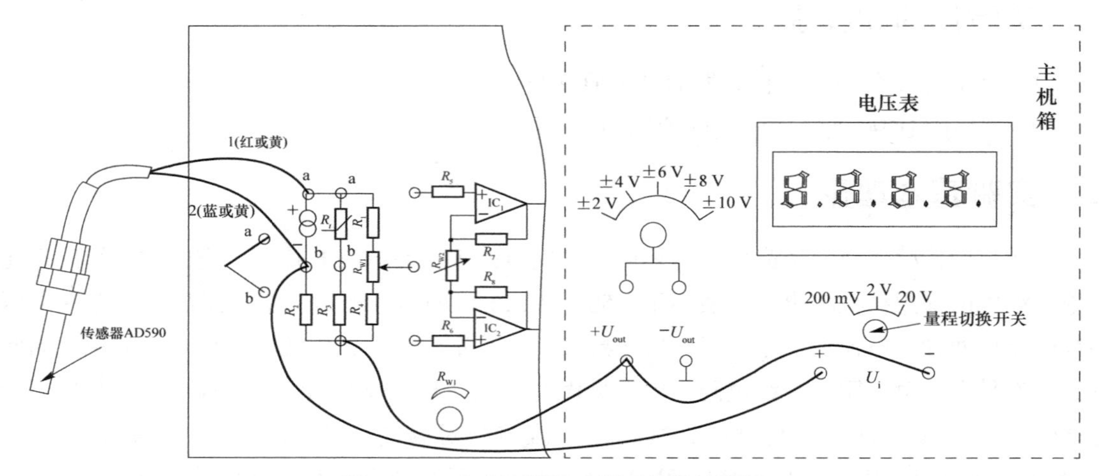

图 16 − 2 室内环境温度测量接线示意图

（2）集成温度传感器 AD590 温度特性实验。保留图 16 − 2 的接线，将集成温度传感器 AD590 插入温度源中，温度源的控制按图 16 − 3 示意图接线。将主机箱上的转速调节旋钮(2 ~ 24 V)顺时针转到底（24 V），将调节器控制对象开关拨到“Rt. Ui”位置。检查接线无误后合上主机箱电源开关，再合上调节器电源开关和温度源电源开关，温度源在室温基础上，可按 $\Delta t = 5$ ℃增加温度并且小于等于 100 ℃范围内设定温度源温度值（温度源的使用、温度设置方法参阅实验十一），待温度源温度动态平衡时读取主机箱电压表的显示值并填入表 16 − 1 中。

表 16 − 1 AD590 温度特性实验数据

t/℃	t_0									100
U/mV										

（3）根据表 16 − 1 数据值作出实验曲线并计算其非线性误差。

实验结束，关闭所有电源。

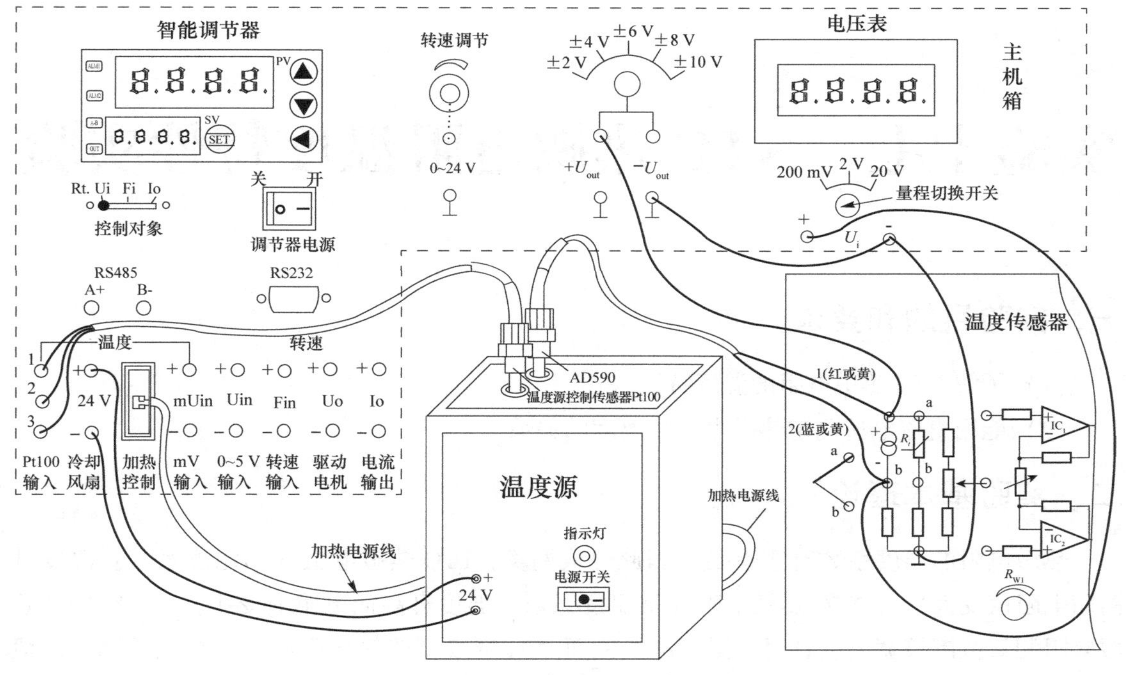

图 16－3　AD590 测温性能实验接线示意图

五、实验注意事项

（1）接线与拆线前先关闭电源。

（2）将接插线插入插孔，以保证接触良好，切忌用力拉扯接插线尾部，以免造成线内导线断裂。

（3）AD590 集成温度传感器的正负极性不能接错，红线表示接电源正极。

（4）AD590 集成温度传感器不能直接放入水中或冰水混合物中测量温度，若测量水温或冰水混合物温度，须插入到加有少量油的玻璃细管内，再插入待测温物进行测温。

六、思考题

（1）电流型集成电路温度传感器有哪些特性？它比半导体热敏电阻、热电偶有哪些优点？

（2）热电阻、热电偶、AD590 的测温机理有何区别？三者如何拾取温度信号？

（3）说明本实验中的温度控制原理，这种控制方法有什么优缺点？

实验十七　NTC 热敏电阻温度特性实验

一、实验目的和要求

（1）了解 NTC 热敏电阻的温度特性。

（2）能用直流电桥测定热敏电阻与温度的关系。

二、实验基本理论

热敏电阻的温度系数有正有负，因此分成两类：PTC 热敏电阻（正温度系数：温度升高而电阻值变大）与 NTC 热敏电阻（负温度系数：温度升高而电阻值变小）。一般 NTC 热敏电阻测量范围较宽，主要用于温度测量；而 PTC 突变型热敏电阻的温度范围较窄，一般用于恒温加热控制或温度开关，也用于彩电中作自动消磁元件。有些功率 PTC 也作为发热元件用。PTC 缓变型热敏电阻可用作温度补偿或作温度测量。

一般的 NTC 热敏电阻大都是用 Mn、Co、Ni、Fe 等过渡金属氧化物按一定比例混合，采用陶瓷工艺制备而成的，它们具有 P 型半导体的特性。热敏电阻具有体积小、质量轻、热惯性小、工作寿命长、价格便宜，并且本身阻值大，不需考虑引线长度带来的误差，适用于远距离传输等优点。但热敏电阻也有非线性大、稳定性差、老化现象、误差较大、离散性大（互换性不好）等缺点。一般适用于 $-50 \sim 300$ ℃的低精度测量及温度补偿、温度控制等各种电路中。NTC 热敏电阻 R_T温度特性实验原理如图 17－1 所示，恒压电源供电 $U_s=2$ V，W_{2L}为采样电阻（可调节）。

计算公式为：

$$U_i = [W_{2L}/(R_T + W_2)] \cdot U_s$$

式中，$U_s=2$ V；R_T 为热敏电阻；W_{2L}为 W_2活动触点到地的阻值，用于作为采样电阻。

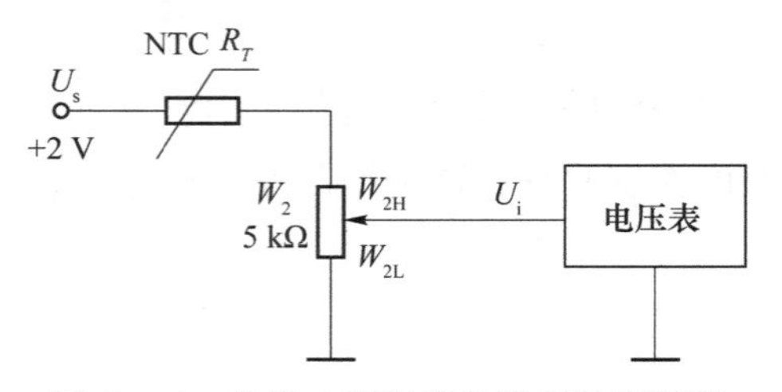

图 17－1　热敏电阻温度特性实验原理图

三、设备仪器、工具及材料

热敏电阻、加热源；电压表、±2 ~ ±10 V（步进可调）直流稳压电源；应变传感器实验模板；数显万用表（自备）。

四、步骤和过程

（1）用数显万用表的 20 kΩ 电阻挡测一下 R_T热敏电阻在室温时的阻值。R_T是一个黑色（或蓝色或棕色）圆珠状元件，封装于护套管里面。

（2）调节 NTC 热敏电阻在室温时输出为 100 mV：将 ±2 ~ ±10 V（步进可调）直流稳压电源切换到 2 V 挡，按图 17－2 接线，将 F/V 表切换开关置 2 V 挡，检查接线无误后合上主电源开关。调节 W_1 使 F/V 表显示为 100 mV。

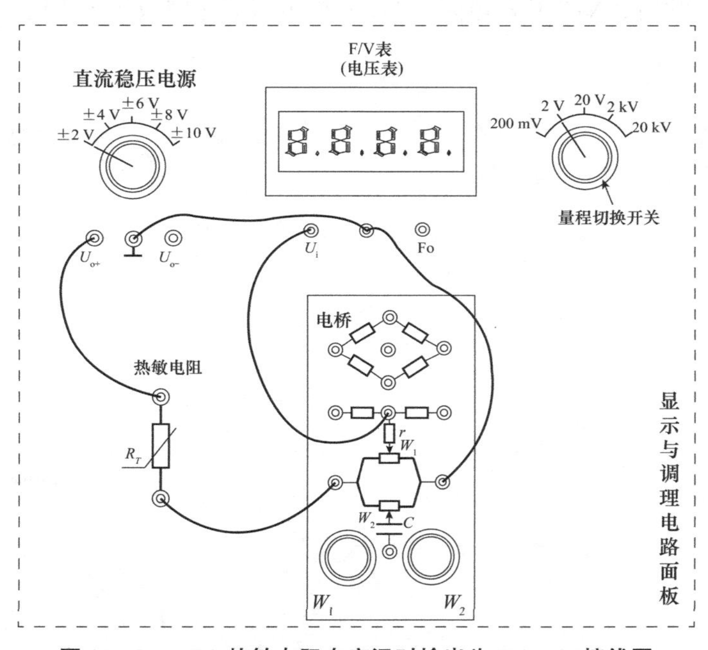

图 17－2　NTC 热敏电阻在室温时输出为 100 mV 接线图

（3）将热敏电阻放到加热的温度源内观察电压表的显示变化（5 ~6 min 时间）。再将温度源电源去掉，然后观察电压表的显示变化。由此可见，当温度________时，R_T 阻值________，U_i ________。当温度________时，R_T 阻值________，U_i ________。

实验完毕，关闭所有电源。

（4）把 NTC 热敏电阻换成 PTC 热敏电阻，实验步骤一样，记录实验数据，观察两者有何区别。

五、实验注意事项

（1）接线与拆线前先关闭电源。

（2）将接插线插入插孔，以保证接触良好，切忌用力拉扯接插线尾部，以免造成线内导线断裂。

（3）开始降温初期，不要打开风扇。当温度下降速率较慢时才打开风扇辅助降温。

六、思考题

（1）NTC 半导体热敏电阻与金属热电阻比较，具有什么特点？

（2）在测量半导体热敏电阻时，当桥路达到平衡后，撤去电源，对电路会有什么影响？（电流计是否偏转）为什么？

（3）当温度变化时，NTC 热敏电阻与 Pt100 的电阻值分别做什么变化？变化的趋势各有什么特点？

实验十八　气敏传感器和湿敏传感器实验

一、实验目的和要求

（1）了解气敏传感器的原理及特性。

（2）了解湿敏传感器的原理及特性。

二、实验基本理论

1. 气敏传感器

气敏传感器是指能将被测气体浓度转换为与其成一定关系的电量输出的装置或器件。它一般可分为半导体式、接触燃烧式、红外吸收式、热导率变化式等。本实验采用的是TP－3集成半导体气敏传感器，该传感器的敏感元件由纳米级 SnO_2（二氧化锡）及适当掺杂混合剂烧结而成，具有微珠式结构，是对酒精敏感的电阻型气敏元件；当受到酒精气体作用时，它的电阻值变化经相应电路转换成电压输出信号，输出信号的大小与酒精浓度对应。传感器对酒精浓度的响应特性曲线、实物及原理如图 18－1 所示。

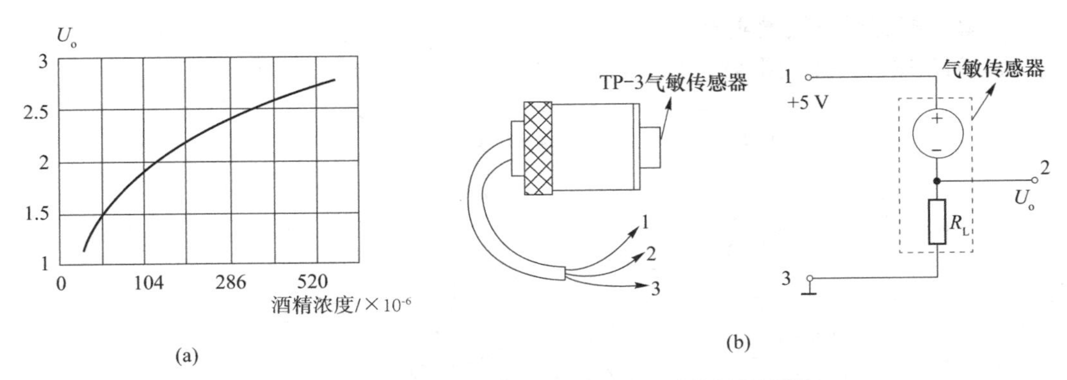

图 18－1　酒精传感器响应特性曲线、实物及原理图

（a）TP－3 酒精浓度－输出电压曲线；（b）传感器实物、原理图

2. 湿敏传感器

湿度是指空气中所含有的水蒸气量。空气的潮湿程度，一般多用相对湿度概念，即在一定温度下，空气中实际水蒸气压与饱和水蒸气压的比值（用百分比表示），称为相对湿度（用 RH 表示）。其单位为% RH。湿敏传感器种类较多，根据水分子易于吸附在固体表面渗透到固体内部的这种特性（称水分子亲和力），湿敏传感器可以分为水分子亲和力型和非水分子亲和力型，本实验采用的是电容型湿敏传感器。湿敏传感器在 0% RH 时，对应输出电

压为 0 V；在 100% RH 时，对应输出电压为 3 V。

图 18 –2 所示为湿度 – 输出电压曲线。

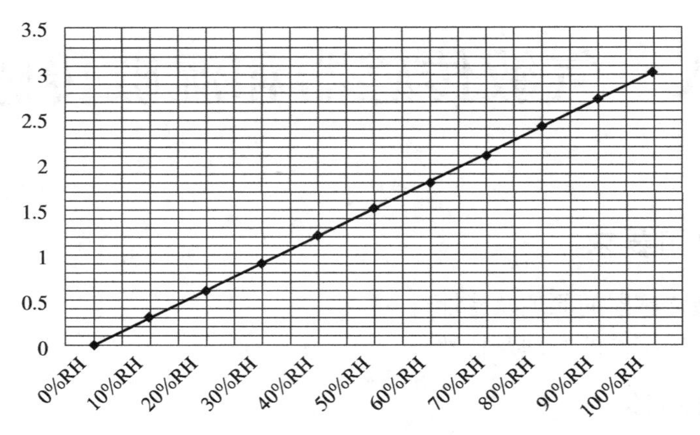

图 18 –2　湿度 – 输出电压曲线

三、设备仪器、工具及材料

JSCG –2 型传感器检测技术实验台主机箱电压表、+5 V 直流稳压电源；气敏传感器、酒精棉球（自备）；湿敏传感器、潮湿小棉球（自备）、干燥剂（自备）。

四、步骤和过程

1. 气敏传感器数据测量实验

（1）按图 18 –3 示意图接线（1：红色，3：黑色，2：蓝色）。

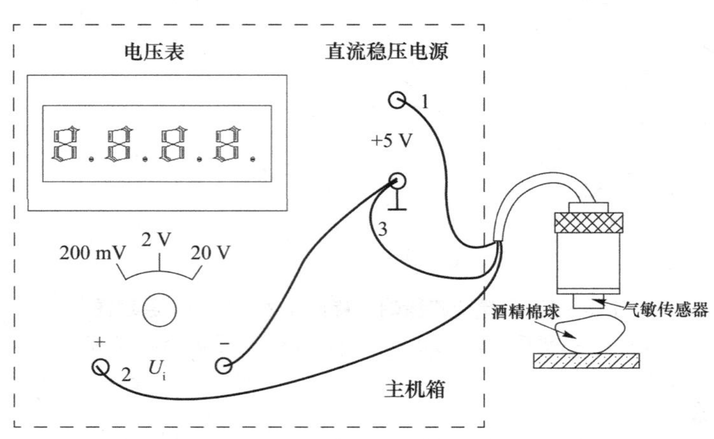

图 18 –3　气敏（酒精）传感器实验接线示意图

（2）将电压表量程切换到 20 V 挡。检查接线无误后合上主机箱电源开关，传感器通电较长时间（至少 5 min 以上，因传感器长时间不通电的情况下，内阻会很小，上电后 U_o 输出很大，不能即时进入工作状态）后才能工作。

（3）等待传感器输出 U_o 较小（小于1.5 V）时，用自备的酒精棉球靠近传感器端面并吹两次气，使酒精挥发进入传感网内，观察电压表读数变化，并对照响应特性曲线得到酒精浓度。

实验完毕，关闭电源。

2. 湿敏传感器数据测量实验

（1）引线颜色定义。湿敏传感器引出的红线接电源正极，黑线接电源负极，黄线接电压输出线。

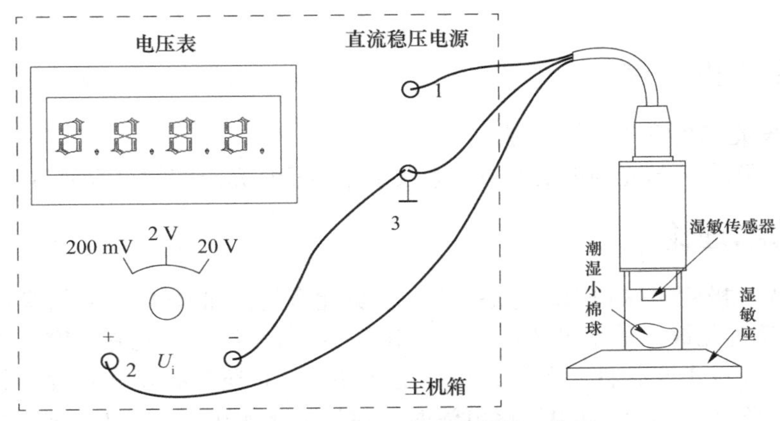

图 18－4　湿敏传感器实验接线示意图

（2）将电压表量程切换到20 V挡，检查接线无误后，合上主机箱电源开关，湿敏传感器先通电预热5 min以上，待电压表显示稳定后即为环境湿度所对应的电压值（查湿度－输出电压曲线得环境湿度）。

（3）往湿敏座中加入若干量干燥剂（不放干燥剂时为环境湿度），放上湿敏传感器，观察电压表显示值的变化。

（4）倒出湿敏座中的干燥剂，加入潮湿小棉球，放上湿敏传感器，等到电压表显示值稳定后记录显示值，查湿度－输出电压曲线得到相应湿度值。

实验完毕，关闭所有电源。

五、实验注意事项

（1）接线与拆线前先关闭电源。

（2）将接插线插入插孔，以保证接触良好，切忌用力拉扯接插线尾部，以免造成线内导线断裂。

（3）务必注意气敏传感器和湿敏传感器的引线接法，否则容易损坏湿敏传感器。

六、思考题

（1）酒精检测报警常用于交通警察检查有否酒后开车，若要这样一种传感器还需考虑哪些环节与因素？

（2）列出生活中用到的气敏传感器和湿敏传感器实例。

实验十九　发光二极管（光源）的照度标定实验

一、实验目的和要求

（1）了解发光二极管的工作原理。

（2）作出工作电流与光照度的对应关系及工作电压与光照度的对应关系曲线。

二、实验基本理论

半导体发光二极管简称 LED。它是由Ⅲ－Ⅳ族化合物，如 GaAs（砷化镓）、GaP（磷化镓）、GaAsP（磷砷化镓）等半导体制成的，其核心是 PN 结。因此它具有一般二极管的正向导通、反向截止、击穿特性。此外，在一定条件下，它还具有发光特性。其发光原理如图 19－1所示，当加上正向激励电压或电流时，在外电场作用下，在 PN 结附近产生导带电子和价带空穴，电子由 N 区注入 P 区，空穴由 P 区注入 N 区，进入对方区域的少数载流子（少子）一部分与多数载流子（多子）复合而发光。假设发光是在 P 区中发生的，那么注入的电子与价带空穴直接复合而发光，或者先被发光中心捕获后，再与空穴复合发光。除了这种发光复合外，还有些电子被非发光中心（这个中心介于导带、价带中间附近）捕获，再与空穴复合，每次释放的能量不大，以热能的形式辐射出来。发光的复合量相对于非发光复合量的比例越大，光量子效率越高。由于复合是在少子扩散区内发光的，所以光仅在靠近 PN 结面数微米以内产生。发光二极管的发光颜色由制作二极管的半导体化合物决定。本实验使用纯白高亮发光二极管。

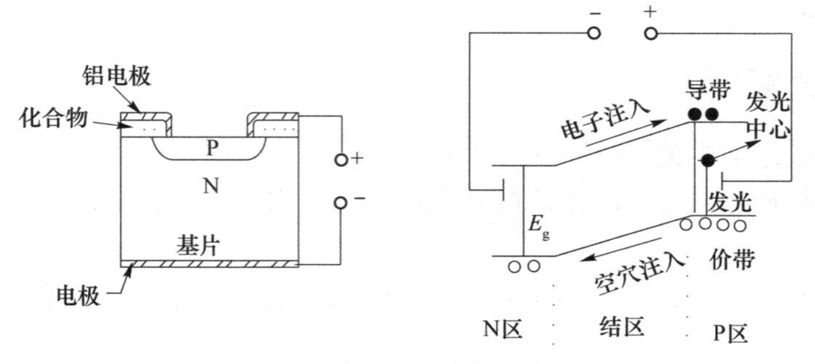

图 19－1　发光二极管的工作原理

三、设备仪器、工具及材料

JSCG－2 型传感器检测技术实验台主机箱中的 0～20 mA 可调恒流源、转速调节0～24 V

直流稳压电源、电流表、电压表、照度表；照度计探头；发光二极管；遮光筒。

四、步骤和过程

（1）按图 19－2 配置接线，接线注意＋、－极性（照度计探头红色的接＋5 V，黑色的接地，黄色的接照度计表 U_i＋，U_i－接＋5 V 的地）。

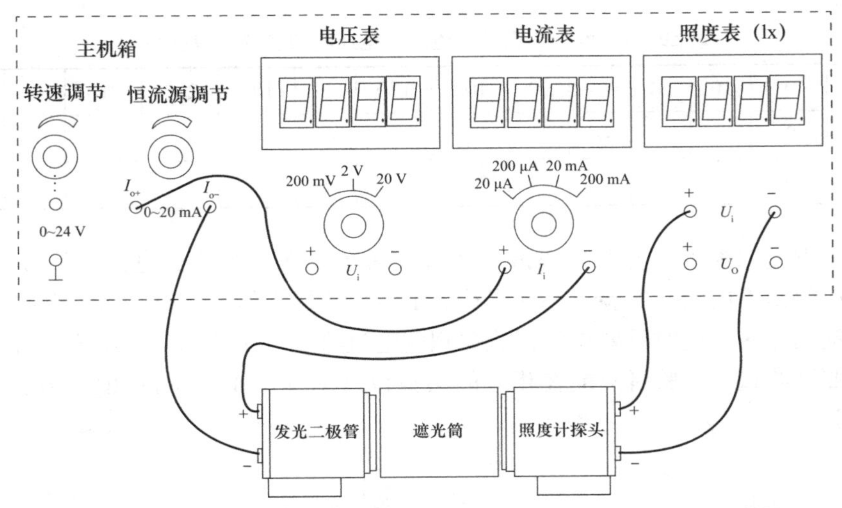

图 19－2　发光二极管工作电流与光照度的对应关系实验接线示意图

（2）检查接线无误后，合上主机箱电源开关。

（3）调节主机箱中的恒流源电流大小（电流表量程 20 mA 挡），即发光二管的工作电流大小，就可改变光源的光照度值。拔去发光二极管的其中一根连线头，则光照度为 0（如果恒流源的起始电流不为 0，要得到 0 照度只要断开光源的一根线）。按表 19－1 进行标定实验（调节恒流源），得到照度－电流对应值。

（4）关闭主机箱电源，再按图 19－3 配置接线，接线时注意＋、－极性。

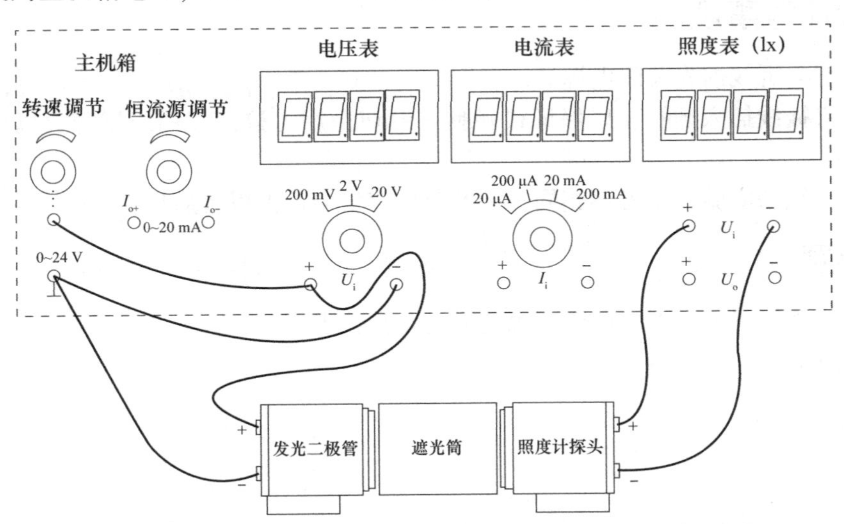

图 19－3　发光二极管工作电压与光照度的对应关系实验接线示意图

（5）合上主机箱电源，调节主机箱中的 0 ~ 24 V 可调电压（电压表量程 20 V 挡）就可改变光源（发光二极管）的光照度值。按表 19 – 1 进行标定实验（调节电压源），得到照度 – 电压对应值。

（6）根据表 19 – 1 数据作出发光二极管的电流 – 照度、电压 – 照度特性曲线，如图 19 – 4 所示。

表 19 – 1　发光二极管的电流、电压与照度的对应关系

照度/lx	0	10	20	…	90	100	110	…	190	200	210	…	290	300
电流/mA	0			…				…				…		
电压/V	0			…				…				…		

注：由于发光二极管（光源）离散性较大，每个发光二极管的电流 – 照度对应值及电压 – 照度对应值是不同的。实验者必须保存表 19 – 1 的标定值，为以后做光电实验服务。如以后做实验提到光照度值时只要调节恒流源相应电流值或电压源相应电压值即可，省去烦琐的每次光源照度测量。实验者只能在相应的实验台（对应表 19 – 1 的相应实验台）完成以后的光电实验。

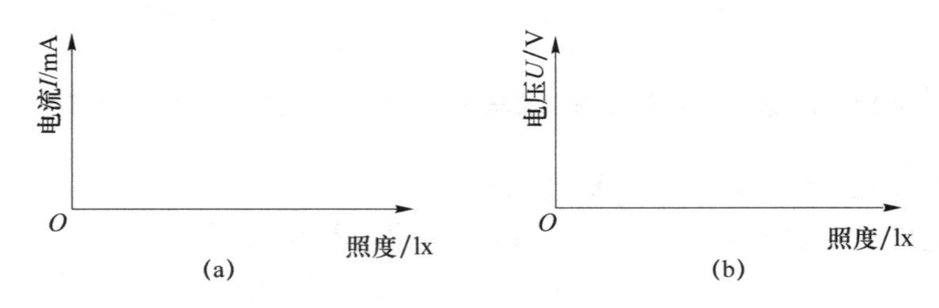

图 19 – 4　发光二极管的电流 – 照度、电压 – 照度特性曲线

（a）电流 – 照度关系曲线；（b）电压 – 照度关系曲线

五、实验注意事项

（1）接线与拆线前先关闭电源。

（2）将接插线插入插孔，以保证接触良好，切忌用力拉扯接插线尾部，以免造成线内导线断裂。

（3）每一组的实验数据各不相同，应及时保存实验数据以备后用。

六、思考题

（1）查找资料了解一下常用电光源的分类及其特点。

（2）LED 光源有哪些特点？

实验二十　硅光电池特性实验

一、实验目的和要求

（1）学习掌握硅光电池的工作原理。

（2）掌握硅光电池基本特性的测试方法。

（3）熟悉硅光电池的应用。

二、实验基本理论

1. 硅光电池的基本结构

目前半导体光电探测器在数码摄像、光通信、太阳电池等领域得到广泛应用，硅光电池是半导体光电探测器的一个基本单元，深刻理解硅光电池的工作原理和具体使用特性，可以进一步领会半导体 PN 结原理、光电效应理论和光伏电池产生机理。

图 20－1 是半导体 PN 结在零偏、反偏、正偏下的耗尽区，当 P 型和 N 型半导体材料结合时，由于 P 型材料空穴多电子少，而 N 型材料电子多空穴少，结果 P 型材料中的空穴向 N 型材料这边扩散，N 型材料中的电子向 P 型材料这边扩散，扩散的结果使得结合区两侧的 P 型区出现负电荷，N 型区带正电荷，形成一个势垒，由此而产生的内电场将阻止扩散运动的继续进行，当两者达到平衡时，在 PN 结两侧形成一个耗尽区，耗尽区的特点是无自由载流子，呈现高阻抗。当 PN 结反偏时，外加电场与内电场方向一致，耗尽区在外电场作用下变宽，使势垒加强；当 PN 结正偏时，外加电场与内电场方向相反，耗尽区在外电场作用下变窄，势垒削弱，使载流子扩散运动继续形成电流，此即为 PN 结的单向导电性，电流方向是从 P 指向 N 的。

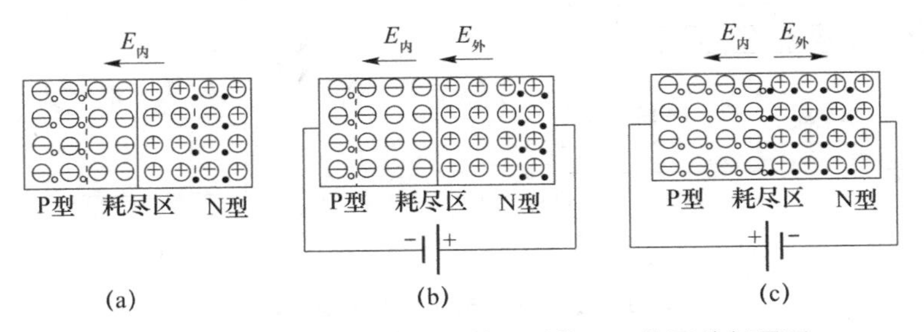

图 20－1　半导体 PN 结在零偏、反偏、正偏下的耗尽区

（a）零偏；（b）反偏；（c）正偏

2. 硅光电池的工作原理

硅光电池是一个大面积的光电二极管，它被设计用于把入射到它表面的光能转化为电能，因此，可用作光电探测器和光电池，被广泛用于太空和野外便携式仪器等的能源。

硅光电池的基本结构如图 20－2 所示，当半导体 PN 结处于零偏或反偏时，在它们的结合面耗尽区存在一内电场，当有光照时，入射光子将把处于价带中的束缚电子激发到导带，激发出的电子空穴对在内电场作用下分别漂移到 N 型区和 P 型区，当在 PN 结两端加负载时就有一光生电流流过负载。流过 PN 结两端的电流可由式（20－1）确定。

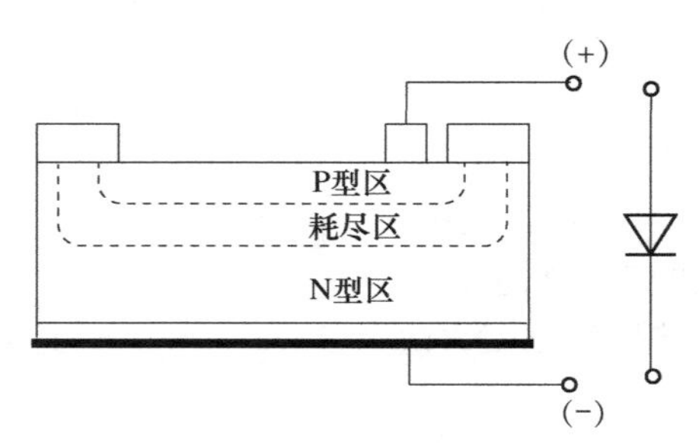

图 20－2　硅光电池结构示意图

$$I = I_S(e^{\frac{eU}{kT}} - 1) + I_p \tag{20-1}$$

式中，I_S 为饱和电流；U 为 PN 结两端电压；T 为绝对温度；I_p 为产生的光电流。从式中可以看到，当硅光电池处于零偏时，$U=0$，流过 PN 结的电流 $I=I_p$；当硅光电池处于反偏时（在本实验中取 $U=-5$ V），流过 PN 结的电流 $I=I_p-I_S$，因此，当硅光电池用作光电转换器时，硅光电池必须处于零偏或反偏状态。硅光电池处于零偏或反偏状态时，产生的光电流 I_p 与输入光功率 P_i 有以下关系：

$$I_p = RP_i \tag{20-2}$$

3. 硅光电池的基本特性

（1）短路电流。

如图 20－3 所示，在不同的光照作用下，毫安表显示不同的电流值，此即为硅光电池的短路电流特性。

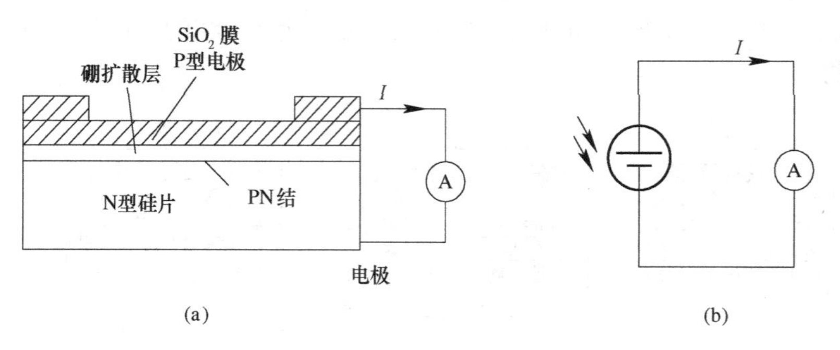

图 20－3　硅光电池短路电流测试

（2）开路电压。

如图 20－4 所示，在不同的光照作用下，电压表显示不同的电压值，此即为硅光电池的开路电压特性。

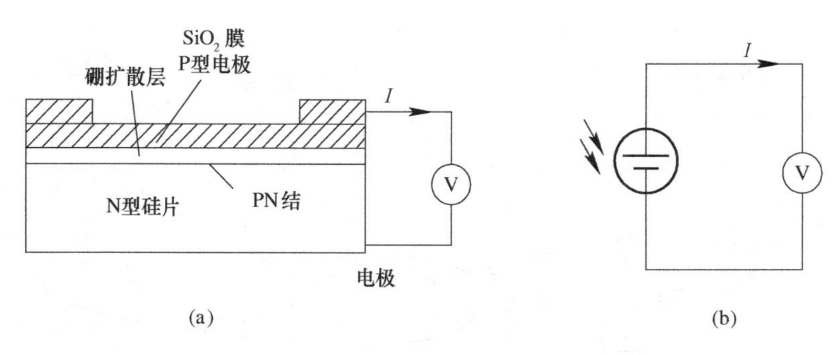

图 20－4　硅光电池开路电压测试

（3）光照特性。

硅光电池在不同光照度下，其光电流和光生电动势是不同的，它们之间的关系就是光照特性，如图 20－5 所示。

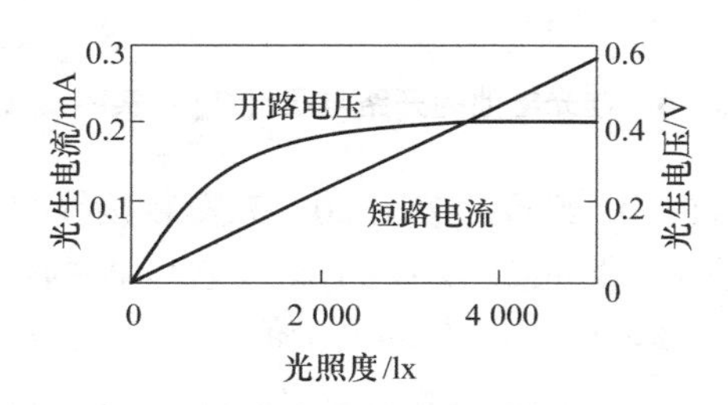

图 20－5　硅光电池的光照电流电压特性

三、设备仪器、工具及材料

JSCG－2 型传感器检测技术实验台主机箱中的 0～20 mA 可调恒流源、转速调节 0～24 V 直流稳压电源、电流表、电压表；遮光筒、发光二极管；硅光电池、光电器件实验（一）模板。

四、步骤和过程

（1）硅光电池在不同的照度下，产生不同的光电流和光生电动势。它们之间的关系就是光照特性。实验时，为了得到硅光电池的开路电压 U_{oc} 和短路电流 I_{sc}，不要同时（同步）接入电压表和电流表，要错时（异步）接入电路来测量数据。

①硅光电池的开路电压（U_{oc}）实验：按图 20－6 安装接线（注意接线孔的颜色要相对应，即＋、－极性要相对应），发光二极管的输入电流根据实验中光照度对应的（如表 20－1 的照度值）电流值，读取电压表 U_{oc} 的测量值，并填入表 20－1 中。

表 20－1　硅光电池的开路电压（U_{oc}）实验数据

照度/lx	0	10	…	90	100
U_{oc}/mV					

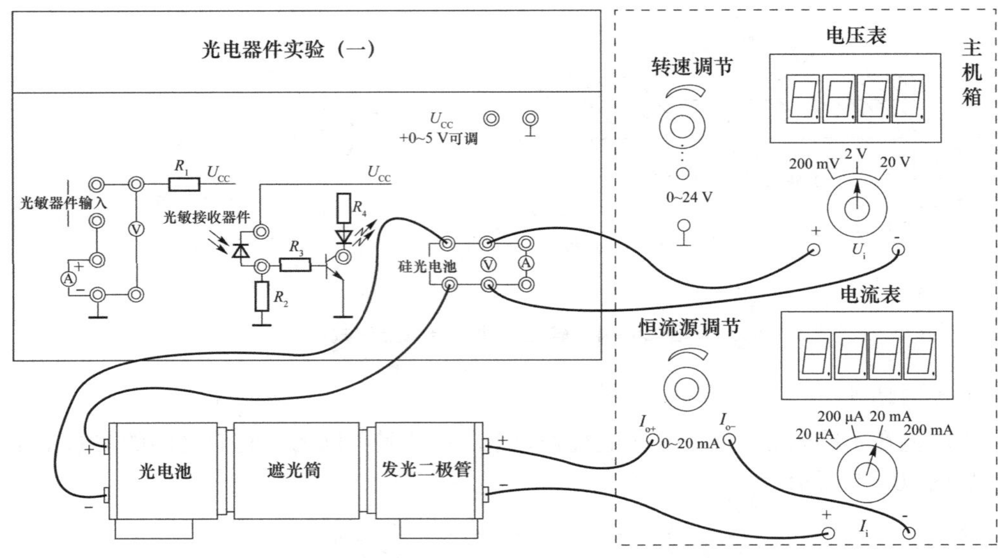

图 20-6　硅光电池的开路电压（U_{oc}）实验接线图

②硅光电池的短路电流（I_{sc}）实验：按图 20-7 安装接线（注意接线孔的颜色要相对应，即+、-极性要相对应），发光二极管的输入电压根据实验中光照度对应的（如表20-2的照度值）电压值，读取电流表 I_{sc} 的测量值，并填入表 20-2 中。

表 20-2　硅光电池的短路电流（I_{sc}）实验数据

照度/lx	0	10	…	90	100
I_{sc}/mA					

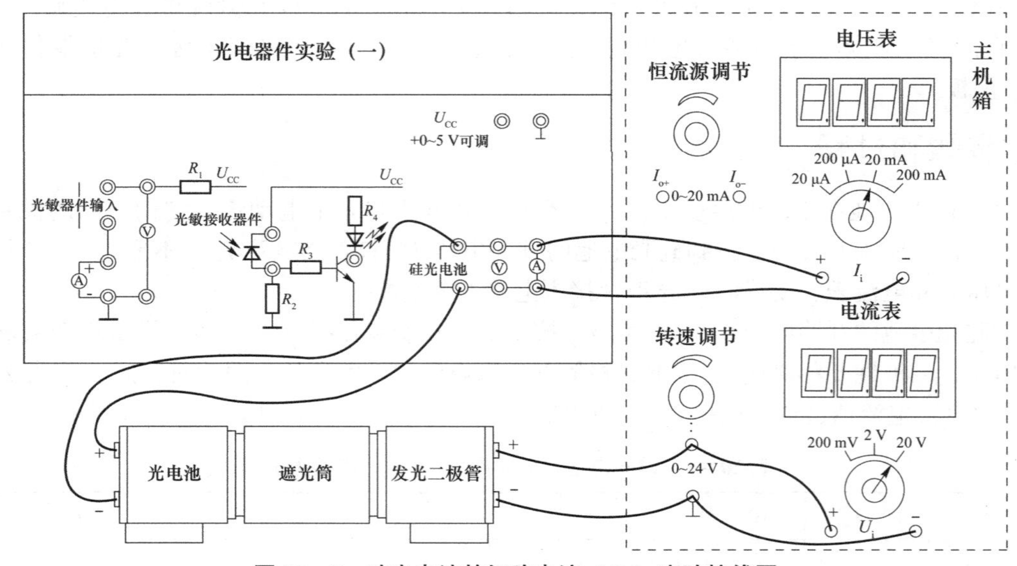

图 20-7　硅光电池的短路电流（I_{sc}）实验接线图

（2）根据表 20－1、表 20－2 的实验数据作出图 20－8 特性曲线图。

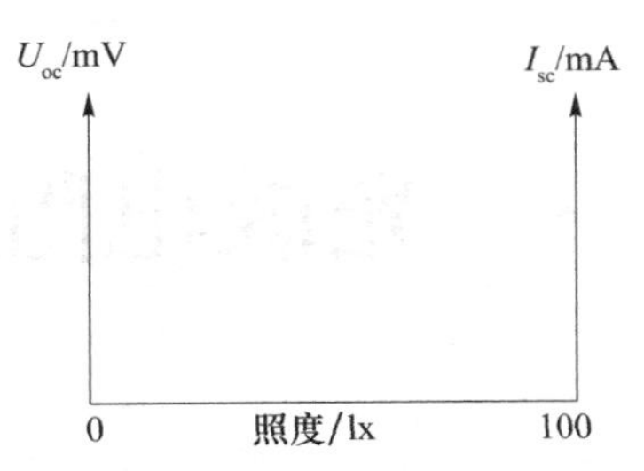

图 20－8　硅光电池开路电压、短路电流特性曲线

五、实验注意事项

（1）接线与拆线前先关闭电源。

（2）将接插线插入插孔，以保证接触良好，切忌用力拉扯接插线尾部，以免造成线内导线断裂。

（3）实验过程中，请勿同时拔开两种或两种以上的光源开关，这样会造成实验所测试的数据不准确。

六、思考题

（1）硅光电池在工作时为什么要处于零偏或反偏？

（2）由太阳能电池板设计电路，使太阳能电池板白天在太阳光下给蓄电池充电，而晚上蓄电池可以供灯泡发光，并且蓄电池的电流不会倒流回太阳能电池板。

实验二十一　光敏电阻特性实验

一、实验目的和要求

(1) 了解光敏电阻的光照特性。

(2) 了解光敏电阻的伏安特性。

二、实验基本理论

在光线的作用下，电子吸收光子的能量从键合状态过渡到自由状态，引起电导率的变化，这种现象称为光电导效应。光电导效应是半导体材料的一种体效应。光照越强，器件自身的电阻越小。基于这种效应的光电器件称为光敏电阻。光敏电阻无极性，其工作特性与入射光光强、波长和外加电压有关。光敏电阻实验原理图如图 21－1 所示。

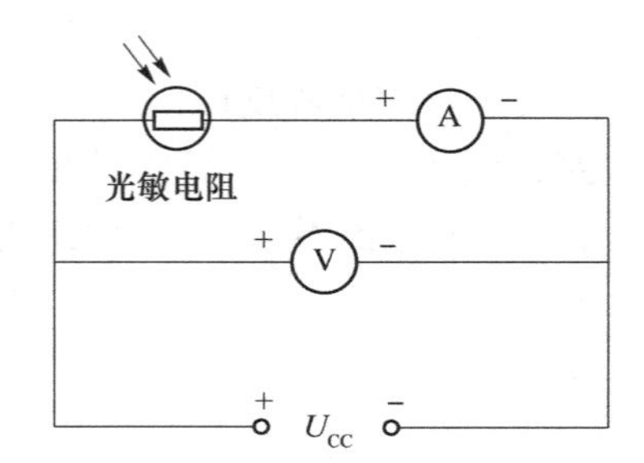

图 21－1　光敏电阻实验原理图

1. 光敏电阻的结构与工作原理

光敏电阻又称光导管，它几乎都是用半导体材料制成的光电器件。光敏电阻没有极性，纯粹是一个电阻器件，使用时既可加直流电压，也可以加交流电压。无光照时，光敏电阻值（暗电阻）很大，电路中电流（暗电流）很小。当光敏电阻受到一定波长范围的光照时，它的阻值（亮电阻）急剧减小，电路中电流迅速增大。一般希望暗电阻越大越好，亮电阻越小越好，此时光敏电阻的灵敏度高。实际光敏电阻的暗电阻值一般在兆欧量级，亮电阻值在几千欧以下。

光敏电阻的结构很简单，图 21－2（a）为金属封装的硫化镉光敏电阻的结构图。在玻璃底板上均匀地涂上一层薄薄的半导体物质，称为光导层。半导体的两端装有金属电极，金属电极与引出线端相连接，光敏电阻就通过引出线端接入电路。为了防止周围介质的影响，在半导体光敏层上覆盖了一层漆膜，漆膜的成分应使它在光敏层最敏感的波长范围内透射率最大。为了提高灵敏度，光敏电阻的电极一般采用梳状图案，如图 21－2（b）所示。

图 21-2（c）为光敏电阻的接线图。

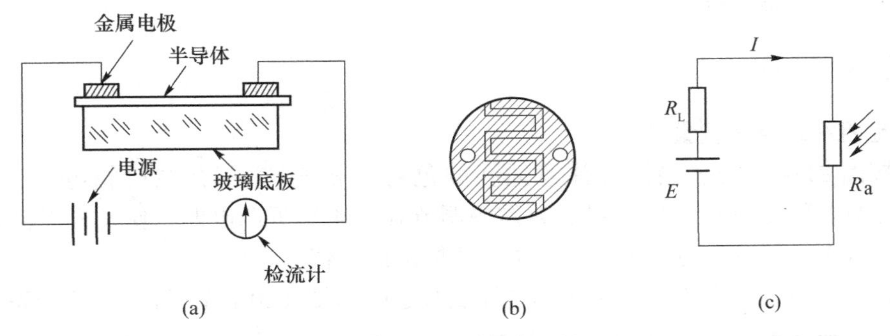

图 21-2　光敏电阻结构

（a）光敏电阻的结构；（b）光敏电阻电极；（c）光敏电阻接线图

2. 光敏电阻的主要参数

（1）暗电阻：光敏电阻在不受光照射时的阻值称为暗电阻，此时流过的电流称为暗电流。

（2）亮电阻：光敏电阻在受光照射时的电阻称为亮电阻，此时流过的电流称为亮电流。

（3）光电流：亮电流与暗电流之差称为光电流。

3. 光敏电阻的基本特性

（1）伏安特性。

在一定照度下，流过光敏电阻的电流与光敏电阻两端的电压的关系称为光敏电阻的伏安特性。图 21-3 为硫化镉光敏电阻的伏安特性曲线。由图可见，光敏电阻在一定的电压范围内，其 $I-U$ 曲线为直线。

（2）光照特性。

光敏电阻的光照特性是描述光电流 I 和光照强度之间的关系，不同材料的光照特性是不同的，绝大多数光敏电阻光照特性是非线性的。图 21-4 为硫化镉光敏电阻的光照特性。

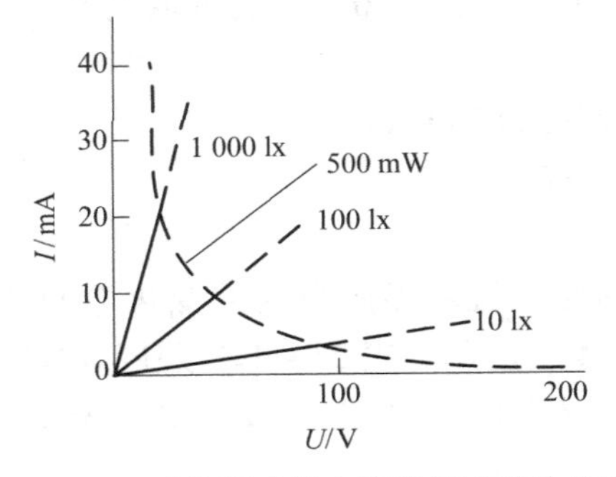

图 21-3　硫化镉光敏电阻的伏安特性曲线

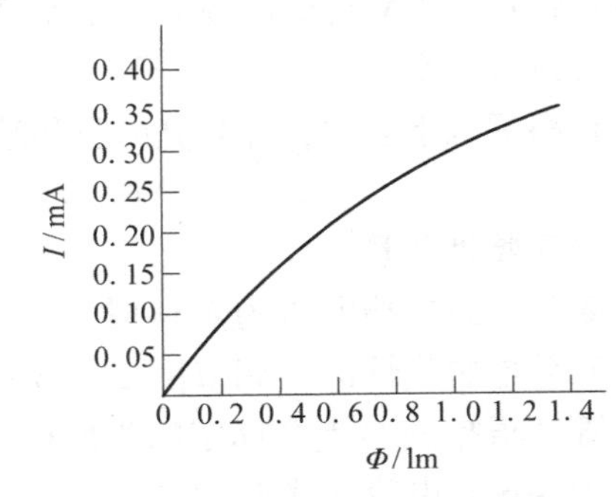

图 21-4　光敏电阻的光照特性

三、设备仪器、工具及材料

JSCG-2 型传感器检测技术实验台主机箱中的转速调节 0～24 V 直流稳压电源、±2～

±10 V（步进可调）直流稳压电源、电流表、电压表；光电器件实验（一）模板；光敏电阻；发光二极管；遮光筒。

四、步骤和过程

1. 亮电阻和暗电阻测量

（1）按图 21－5 安装接线（注意插孔颜色对应相连）。打开主机箱电源，将 ±2～±10 V的可调电源开关拨到 10 V 挡，再缓慢调节 0～24 V 可调电源，使发光二极管两端电压为光照度 100 lx 时对应的电压（实验十九的标定值）值。

（2）10 s 左右读取电流表［可选择电流表合适的挡位（20 mA 挡）］的值为亮电流 $I_{亮}$。

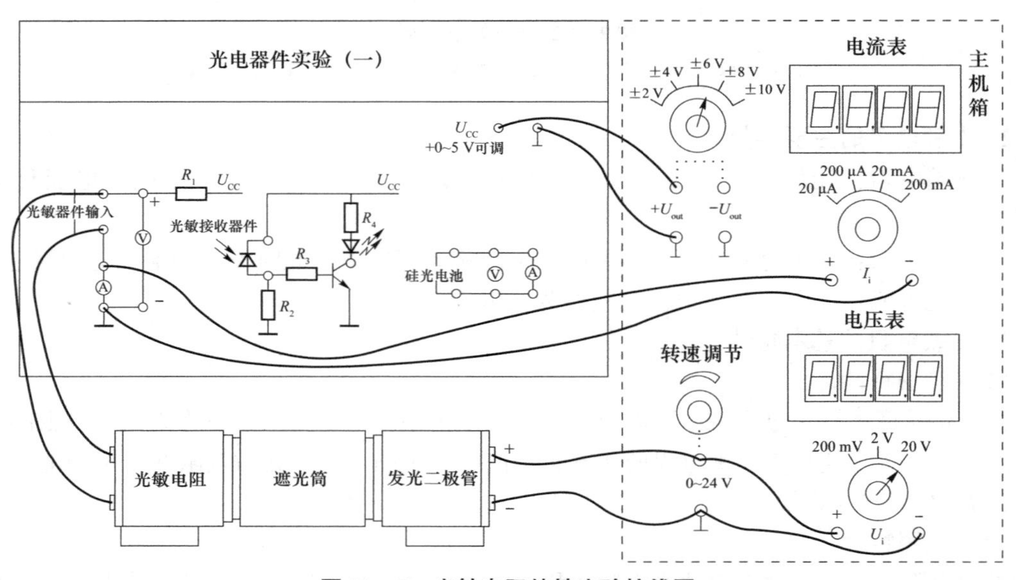

图 21－5　光敏电阻特性实验接线图

（3）将 0～24 V 可调电源的调节旋钮逆时针方旋到底后 10 s 左右读取电流表（20 μA 挡）的值为暗电流 $I_{暗}$。

（4）根据以下公式，计算亮电阻和暗电阻（照度为 100 lx）：

$$R_{亮} = U_{测}/I_{亮}；R_{暗} = U_{测}/I_{暗}$$

2. 光照特性测量

光敏电阻的二端电压为定值时，光敏电阻的光电流随光照强度的变化而变化，它们之间的关系是非线性的。调节图 21－5 中的 0～24 V 电压为表 21－1 光照度（lx）所对应的电压值（根据实验十九标定的光照度对应的电压值），将测得的数据填入表 21－1，并作出图 21－6 光电流与光照度的关系曲线图。

表 21－1　光照特性实验数据

光照度/lx	0	10	20	30	40	50	60	70	80	90	100
光电流/mA											

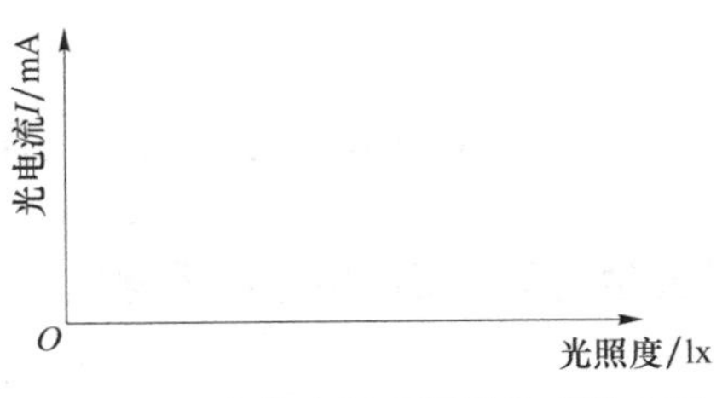

图 21－6　光敏电阻光照特性实验曲线

3. 伏安特性测量

光敏电阻在一定的光照强度下，光电流随外加电压的变化而变化，测量时，在给定光照度（如 100 lx）时，光敏电阻输入 0 V、2 V～10 V 五挡可调电压（调节图 21－5 中的 ±2～±10 V 的电压）时，测得光敏电阻上的电流值，并填入表 21－2，并在同一坐标图 21－7 中作出不同照度的三条伏安特性曲线。

表 21－2　光敏电阻伏安特性实验数据

光敏电阻		电压/V	0	2	4	6	8	10
照度/lx	10	电流/mA						
	50	电流/mA						
	100	电流/mA						

图 21－7　光敏电阻伏安特性曲线

五、实验注意事项

（1）接线与拆线前先关闭电源。

（2）将接插线插入插孔，以保证接触良好，切忌用力拉扯接插线尾部，以免造成线内导线断裂。

（3）每做完一个单元的实验应关闭电源，待连接好后，再重新开启电源。

（4）在实验过程中电流表的量程应先拨到最大，再逐步拨小。如发现电流表过载，应将电流表量程扩大，防止指针打表。

六、思考题

（1）为什么测光敏电阻的亮电阻和暗电阻时要经过 10 s 后读数？这是光敏电阻的缺点，那么它只能应用于什么状态？

（2）查找相关资料并讨论光敏电阻主要应用在什么场合。

实验二十二　超声波传感器测距实验

一、实验目的和要求

（1）了解超声波在介质中的传播特性。

（2）了解超声波传感器测量距离的原理。

（3）学会使用超声波传感器测量距离的方法。

二、实验基本理论

声波是一种能在气体、液体和固体中传播的机械波。根据振动频率的不同，可分为次声波、声波、超声波和微波等。

（1）次声波：振动频率低于 16 Hz 的机械波。

（2）声波：振动频率在 16 ~ 20 kHz 的机械波，在这个频率范围内能为人耳所闻。

（3）超声波：高于 20 kHz 的机械波。

超声波与一般声波比较，它的振动频率高，而且波长短，因而具有束射特性，方向性强，可以定向传播，其能量远远大于振幅相同的一般声波，并且具有很高的穿透能力，例如，在钢材中甚至可穿透 10 m 以上。超声波在均匀介质中按直线方向传播，但到达界面或者遇到另一种介质时，也像光波一样产生反射和折射，并且服从几何光学的反射、折射定律。超声波在反射、折射过程中，其能量及波型都将发生变化。超声波在界面上的反射能量与透射能量的变化，取决于两种介质声阻抗特性。和其他声波一样，两介质的声阻抗特性差越大，则反射波的强度越大。例如，钢与空气的声阻抗特性相差 10 万倍，故超声波几乎不通过空气与钢的界面，全部反射。超声波在介质中传播时，随着传播距离的增加，能量逐渐衰减，能量的衰减决定于波的扩散、散射（或漫射）及吸收。扩散衰减，是超声波随着传播距离的增加，在单位面积内声能的减弱；散射衰减，是由于介质不均匀性产生的能量损失；超声波被介质吸收后，将声能直接转换为热能，这是由于介质的导热性、黏滞性及弹性造成的。

超声波发射器向某一方向发射超声波，在发射时刻的同时开始计时，超声波在空气中传播，途中碰到障碍物时就立即返回来，超声波接收器收到反射波时就立即停止计时。超声波在空气中的传播速度为 340 m/s，根据计时器记录的时间 t，就可以计算出发射点距障碍物的距离（s），即：$s=340t/2$ 。这就是所谓的时间差测距法。超声波测距的原理是利用超声波在空气中的传播速度为已知，测量声波在发射后遇到障碍物反射回来的时间，根据发射和接收的时间差计算出发射点到障碍物的实际距离。由此可见，超声波测距原理与雷达原理是一样的。

测距的公式表示为：

$$L = c \times T$$

式中，L 为测量的距离长度；c 为超声波在空气中的传播速度；T 为从发射到接收所耗时间数值的一半。

超声波测距主要应用于倒车提醒、建筑工地、工业现场等的距离测量，虽然目前的测距量程上能达到百米（本实验装置受工作环境和测试器件的限制能实现一米多的距离），但测量的精度往往只能达到厘米数量级。

三、设备仪器、工具及材料

JSCG－2 型传感器检测技术实验台主机箱（+5 V 直流稳压电源）；超声波探头；挡板；数据采集板。

四、步骤和过程

（1）如图 22－1 所示把超声波传感器的发射、接收端子分别对应接入数据采集模块（对应 T、R）。

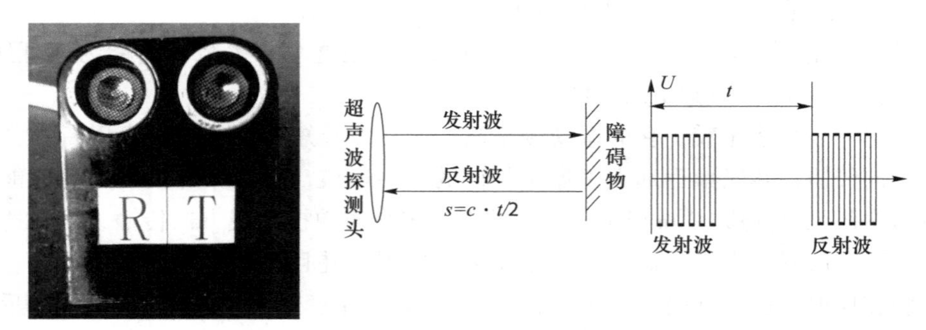

图 22－1　超声波传感器探头及测量原理示意图

（2）给数据采集板供 5 V 电压，检查接线无误后，合上主机箱电源开关，按功能选择键使显示屏显示高电压。

（3）在超声波探头朝向的方向放入测试挡板，观察数据采集板上显示数据的变化，当数据显示与测试距离相吻合时，表明达到实验效果，实验正常。

五、实验注意事项

（1）接线与拆线前先关闭电源。

（2）将接插线插入插孔，以保证接触良好，切忌用力拉扯接插线尾部，以免造成线内导线断裂。

（3）本实验装置受工作环境和测试器件的限制能实现一米多的距离，实际距离若过小或过大都可能导致测量误差增大，在测量过程中尽量保持在此距离之内。

（4）声波的传播特点：真空不能传声。

六、思考题

（1）已知超声波在海水中的速度为1 500 m/h，如果探测装置发出信号后，从发出到遇到沉船，再到接收返回信号所花的时间是0. 024 s，则沉船在海面下多深处？

（2）人们根据超声波方向性好的特点制成了超声波探测仪——声呐，查找相关资料并了解它的应用知识。

（3）说明超声波测速仪测量车速的相关原理及应用。

实验二十三　静态与动态数据监测实验

一、实验目的和要求

熟悉数据采集系统在静态实验中的应用。

二、实验基本理论

数据采集系统（数据采集卡）对实验数据（模拟量）进行采集并与计算机通信，再经计算机对实验数据进行分析处理。其原理框图如图 23－1 所示。

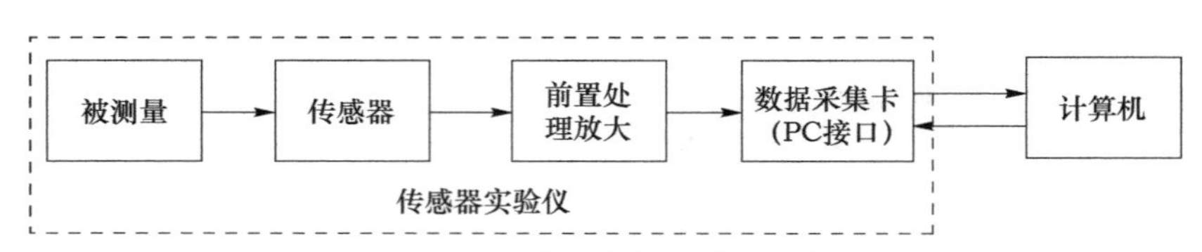

图 23－1　计算机数据采集原理框图

三、设备仪器、工具及材料

JSCG－2 型传感器检测技术实验台主机箱；显示面板中的 F/V 电压表；PC 接口、USB 连接线及配套《软件用户手册》；计算机（自备）。

四、步骤和过程

1. 软件安装

（1）将“CDM21226_ Setup 驱动”压缩包复制到 D 盘中并且解压缩得到“CDM21226_ Setup”文件夹。

（2）双击“CDM21226_ Setup”文件夹，按照提示要求单击“下一步”按钮，直到驱动安装成功。

（3）将“SensorProV3. 0”压缩包复制到 D 盘中并且解压缩得到“SensorProV3. 0”文件夹。

（4）双击“Setup”按钮，按照提示要求单击“下一步”按钮，直到软件安装成功。

2. 实验操作

（1）将计算机 USB 接口与机身 USB 接口连接。

（2）运行 SensorPro 程序，单击“静态实验”菜单命令，出现如图 23－2 界面。

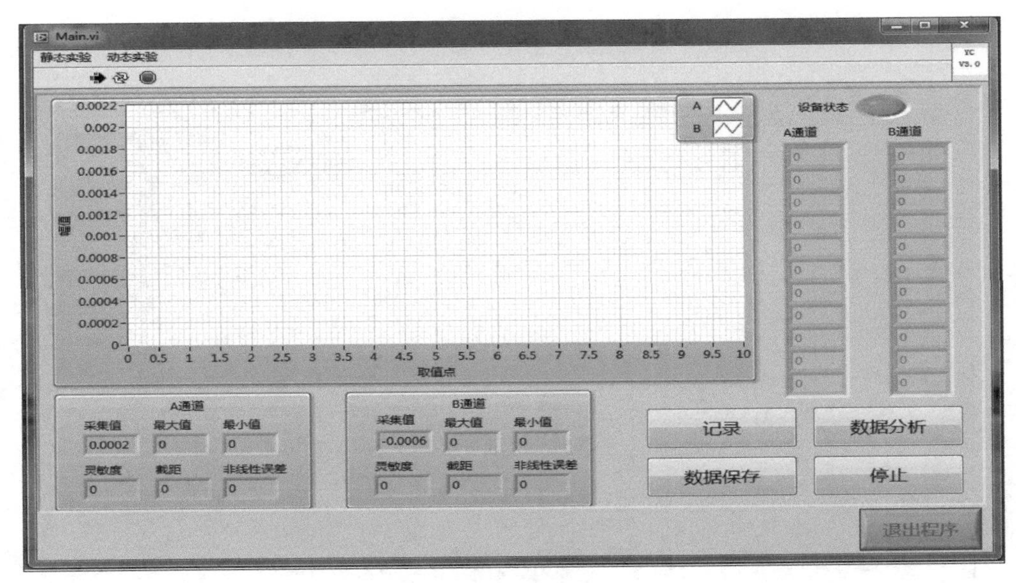

图 23－2　软件界面

如果右上角的设备状态灯是暗的，说明通信没连接上（解决方法：将软件重新打开或者将 USB 线插拔一下）。

（3）Ai0 最大采集范围为－10～＋10 V。Ai1 是高精度采集通道，最大采集范围为－5～＋5 V。

（4）Ai2 动态实验最大采集范围为－10～＋10 V。

（5）单击操作中的数据并保存，弹出 Word 表格，写上用户名称、实验项目，然后单击“保存”按钮。

实验完毕，关闭所有电源。

3. 软件功能说明（见图 23－3）

（1）静态、动态实验切换。

（2）停止和运行键（对实验无用）。

（3）设备连接状态显示：亮说明通信正常，暗说明通信异常。

（4）Ai0 最大采集范围为－10～＋10 V，显示学生记录的数据。

（5）Ai1 是高精度采集通道，最大采集范围为－5～＋5 V，可显示学生记录的数据。

（6）Ai0 的数据分析显示框。

（7）Ai1 的数据分析显示框。

（8）静态记录实验按键，单击一下“记录”按键便记录一个数据。

（9）记录完 11 组数据后进行分析。

（10）保存学生做完的实验数据。

（11）停止学生在做的实验。

（12）退出软件。

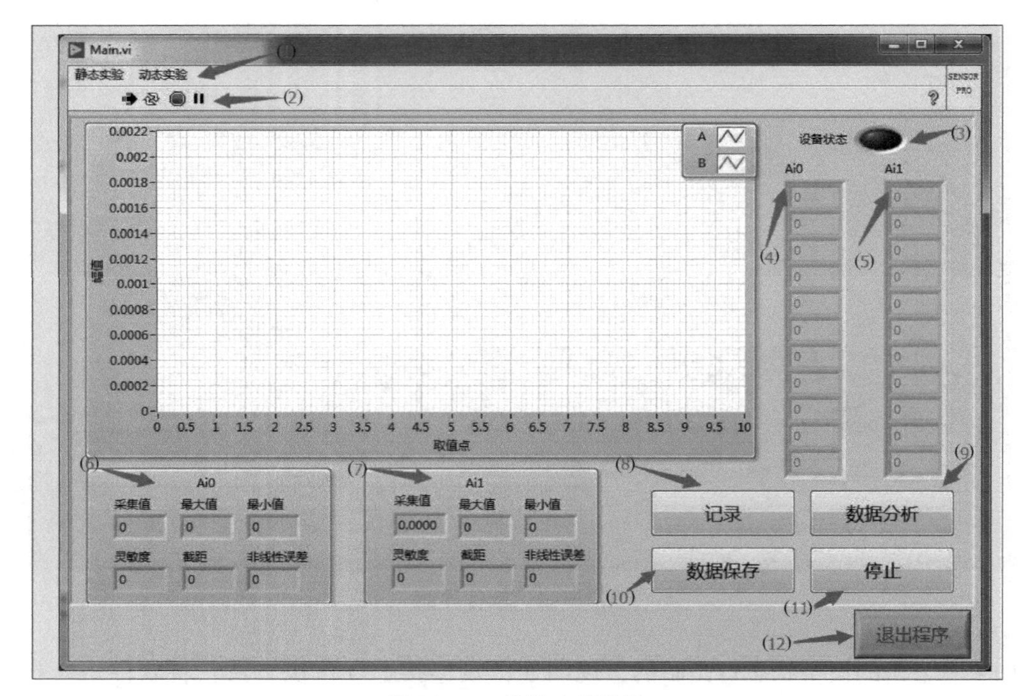

图 23－3 软件功能说明

4. 计算机数据采集原理说明（见图 23－4）

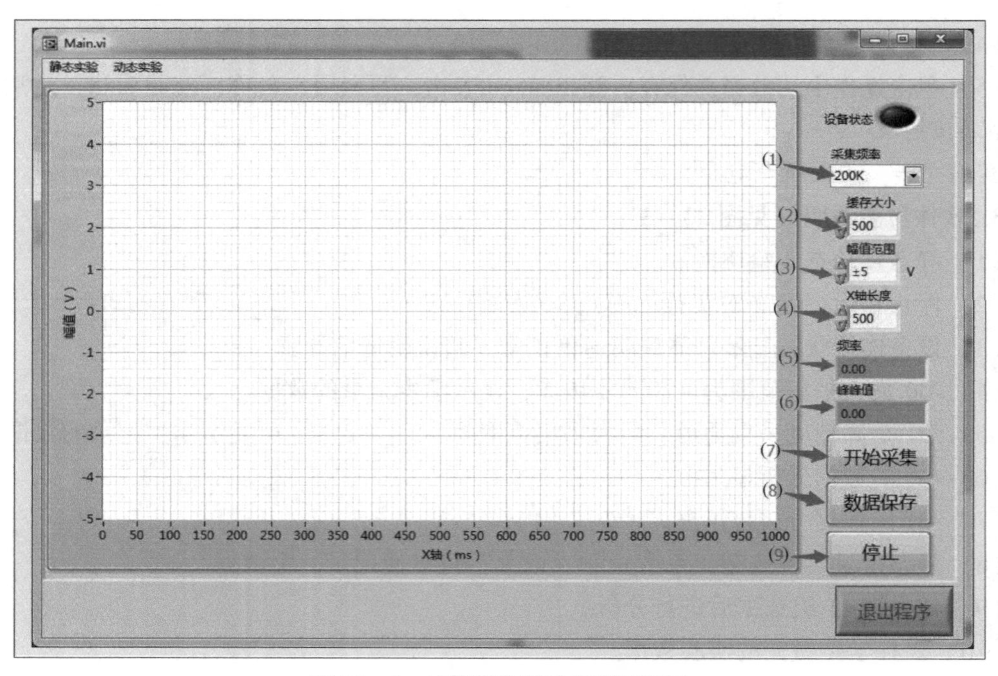

图 23－4 计算机数据采集原理框图

（1）板卡芯片 1 秒采集的数据大小。
（2）软件对板卡单次取样的数据大小。
（3）纵坐标的范围。
（4）横坐标的范围。
（5）显示当前波形频率值。
（6）显示当前波形峰峰值。
（7）单击该按键便开始记录波形。
（8）保存学生做的实验数据。
（9）停止学生在做的实验。

五、实验注意事项

（1）接线与拆线前先关闭电源。
（2）打开软件之前先安装好驱动程序。
（3）如果通信未连接，重新打开软件或者重新插拔 USB。

六、思考题

（1）描述一下采集数据的过程。
（2）说明软件中各部分的作用。

实验二十四　红外发射接收实验

一、实验目的和要求

了解红外线发射接收的特性。

二、实验基本理论

本红外发射接收系统的实物主要由红外发射头、一体化接收头和数据采集模块构成，其中数据采集模块内含发射信号放大电路、单片机接收解码单元。由于本数据采集卡同时只能完成发射或接收一种动作，故发射接收实验需要两组同学分别持发射或接收头两厢配合完成。

红外遥控系统主要由遥控发射器、一体化接收头、单片机、接口电路组成，如图 24 – 1 所示。遥控器用来产生遥控编码脉冲，驱动红外发射管输出红外遥控信号，遥控接收头完成对遥控信号的放大、检波、整形、解调出遥控编码脉冲。遥控编码脉冲（见图 24 – 2）是一组串行二进制码，对于一般的红外遥控系统，此串行码输入到微控制器，由其内部 CPU 完成对遥控指令解码，并执行相应的遥控功能。使用遥控器作为控制系统的输入，需要解决如下几个关键问题：如何接收红外遥控信号；如何识别红外遥控信号以及解码软件的设计、控制程序的设计。

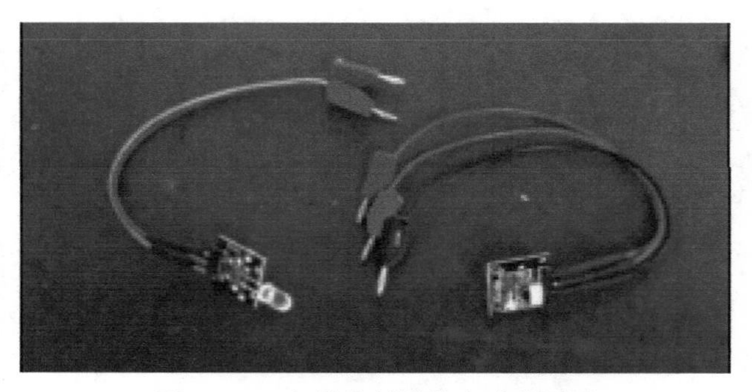

图 24 – 1　红外发射接收实验装置图

如图 24 – 1 所示，左边为红外发射头，右边为红外接收头（注意：发射接收需两套模板）。

三、设备仪器、工具及材料

JSCG – 2 型传感器检测技术实验台主机箱（ +5 V 直流稳压电源）；红外发射头、红外接收头；数据采集板。

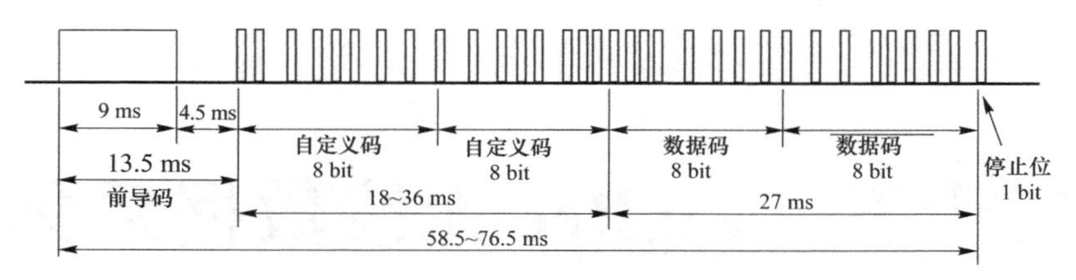

图 24－2　红外遥控机产生脉冲码

四、步骤和过程

（1）接入红外发射头到数据采集板相应位置（红线接正，蓝线接负），按功能选择键，使显示屏显示 H0ˉ000。

（2）接入红外接收头到另一块数据采集板相应位置（红线接 U_+，黑线接地，蓝线接 U_{out}），按功能选择键，使显示屏显示 H1ˉ000。

（3）按接红外发射头的数据采集板的归零键，H0ˉ后 000 的位置数据发生变化，同时显示屏出现跳动，带有该数据信息编码的红外信号开始发出，此时观察接收端数据采集板显示屏 H1ˉ后面的数字是否发生变化，是否与前面发射的数据相一致。

（4）用示波器观察发射端和接收端调制波形的变化，总结两种波形之间的关联。

五、实验注意事项

（1）接线与拆线前先关闭电源。

（2）实验前检查实验接线是否良好，连接电路时应尽量使用较短的接插线，以免引入干扰。

（3）将接插线插入插孔，以保证接触良好，切忌用力拉扯接插线尾部，以免造成线内导线断裂。

（4）稳压电源不要对地短路。

（5）红外发射器和接收器不要有遮挡。

六、思考题

（1）红外线是如何传输数据的？

（2）红外线传输的数据是如何编码的？

实验二十五　ZigBee 无线数据采集实验

一、实验目的和要求

了解通过 ZigBee 网络传输数据的过程。

二、实验基本理论

ZigBee 是基于 IEEE 802.15.4 标准的低功耗局域网协议。根据国际标准规定，ZigBee 技术是一种短距离、低功耗的无线通信技术。这一名称（又称紫蜂协议）来源于蜜蜂的八字舞，由于蜜蜂（Bee）是靠飞翔和“嗡嗡”（Zig）地抖动翅膀的“舞蹈”来与同伴传递花粉所在方位信息，也就是说蜜蜂依靠这样的方式构成了群体中的通信网络。该技术的特点是近距离、低复杂度、自组织、低功耗、低数据速率，主要适合用于自动控制和远程控制领域，可以嵌入各种设备。简而言之，ZigBee 就是一种便宜的、低功耗的近距离无线组网通信技术。

本设备采集板如图 25－1 所示。

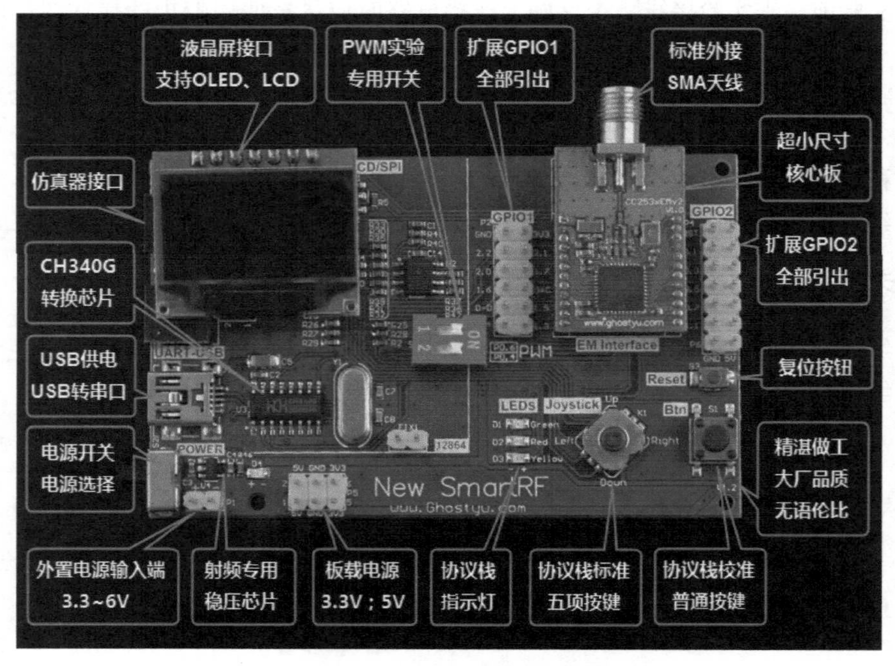

图 25－1　ZigBee 核心电路图

ZigBee 传输原理如图 25－2 所示，本实验中 ZigBee 将传感器采集到的数据通过 ZigBee 网络由 A 节点传送给协调器 B，并由协调器通过 UART 接口发送给 PC，由管理软件将传输的数据以图形的方式显示出来。

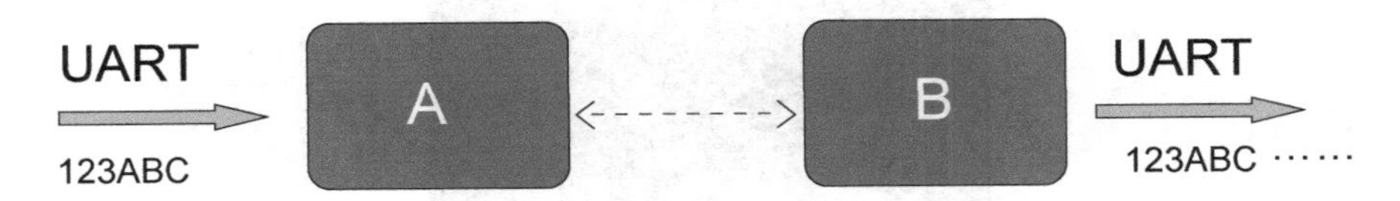

图 25－2　ZigBee 传输原理图

模块用来采集与输出信号（2AI/1AO），可由 USB 供电，也可在外置电源输入端供电。采集电压 0～3.3 V，输出电压 0～3.3 V。

终端节点可采集传感器信号，输出控制信号。

协调器使用随机的 USB 线与 PC 进行通信，可运行上位机程序“Zigbee 数据监测系统 . exe”进行检测，首次使用请先安装该软件，在“Zigbee 无线数据采集”文件夹。

三、设备仪器、工具及材料

JSCG－2 型传感器检测技术实验台主机箱（+5 V 直流稳压电源）；ZigBee 节点、ZigBee 协调器、UART 转 USB 数据线。

四、步骤和过程

（1）按需求将信号连接到节点模块 AI0、AI1，如图 25－3、图 25－4 所示。

（2）用数据线将计算机与无线模板（协调器）的通信口相连接，再打开计算机上“数据监测系统”的软件，在右侧“COM 口”中，根据计算机“设备管理器”中显示的内容来选择实际连接的端口（波特率＝38 400，数据比特＝8，奇偶校验＝None）。设置完成后，单击“打开串口”按钮。

（3）观察曲线。

（4）实验结束，将电源关闭后将导线整理好，放回原处。

五、实验注意事项

（1）接线与拆线前先关闭电源。

（2）实验前检查实验接线是否良好，连接电路时应尽量使用较短的接插线，以免引入干扰。

（3）将接插线插入插孔，以保证接触良好，切忌用力拉扯接插线尾部，以免造成线内导线断裂。

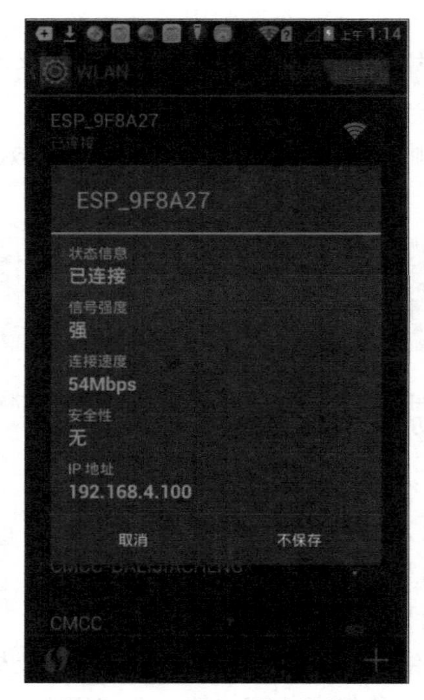

图 25-3 ZigBee 节点接线图

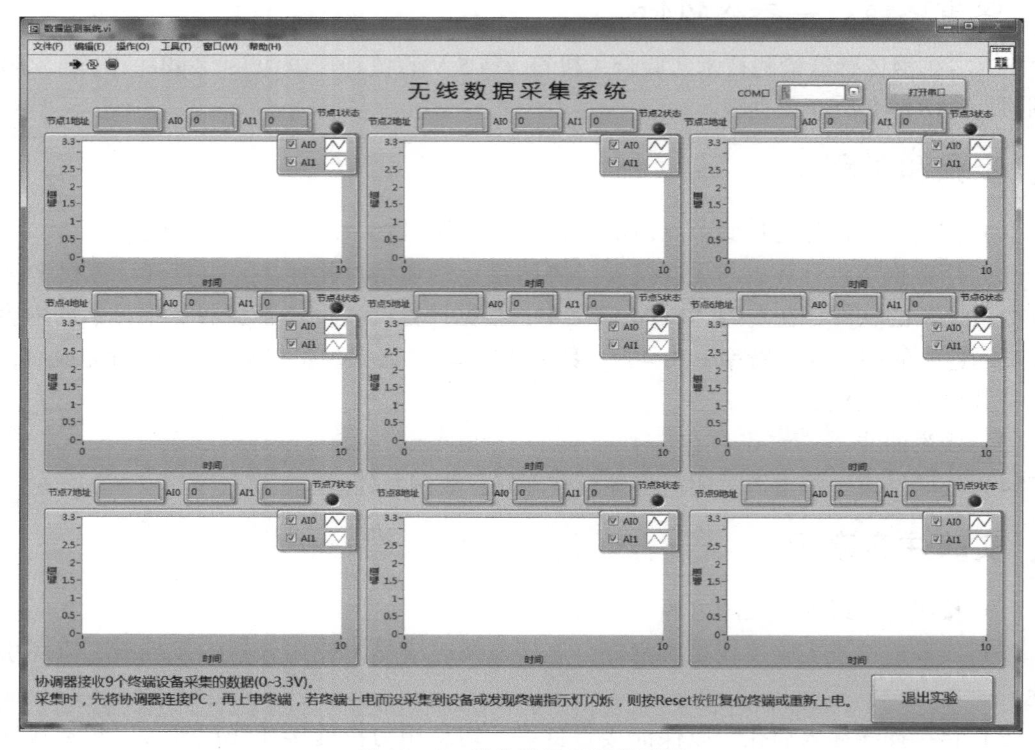

图 25-4 采集数据显示界面图

（4）稳压电源不要对地短路。

（5）配置好软件 COM 口，设置好 UART 参数。

六、思考题

（1）协调器的 COM 口如何确定？

（2）UART 的传输参数是多少？

实验二十六　Wi－Fi 无线数据采集实验

一、实验目的和要求

了解通过 Wi－Fi 网络传输数据的过程。

二、实验基本理论

（1）Wi－Fi 无线模块板载资源与配置（见图 26－1）。

①芯片 ：CC2530F256；

②Wi－Fi 模块：ESP8266；

③串口通信：CH341 兼容 TTL 和 SPI；

④仿真下载：ZigBee 仿真器；

⑤外部输出：LED ×8（白 ×3，红 ×1，翠绿 ×2，蓝 ×2）；

⑥外部输入：按键× 4（白 ×2，红 ×1，黑 ×1）；

⑦供电方式：USB 接口 5 V、外部电源 5～40 V、仿真器；

⑧显示方式：OLED12864 显示屏；

⑨传感器：温度 DS18B20 、温湿度 DHT11；

⑩红外收发：HX1838 接收头、5MM 红外发射头；

⑪工业通信：MAX3485 芯片。

（2）产品特点。

①Wi－Fi 使用 ESP8266 的 SOP 技术，简单且容易实现，采用 32－pin QFN 封装。

②Wi－Fi 支持 AP，支持 STA＋AP，支持 STA，所有手机直接可以接入板子。目前一款是支持三种模式的 Wi－Fi 芯片。

③Wi－Fi 模块是一套独立的系统，由提供的 5 V 电源适配器插入模块的“5 V 电源接口”供电。

④设备模块采集模拟量接口 AI0、GND，采集电压范围为 0～3.3 V。

⑤控制板载的三只 LED 灯的开关可受上位机控制。

⑥程序软件运行于安卓手机端，软件为“YCwifi. apk”，首次使用时需安装到安卓手机上，安装完成效果如图 26－2 所示。

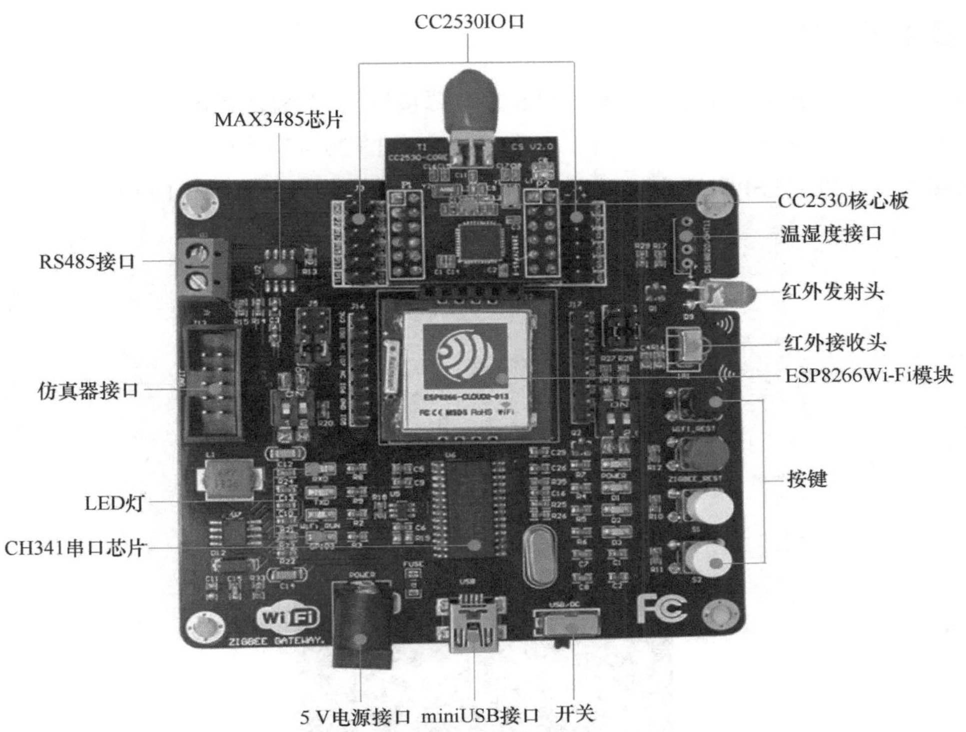

图 26－1 Wi－Fi 核心板电路图

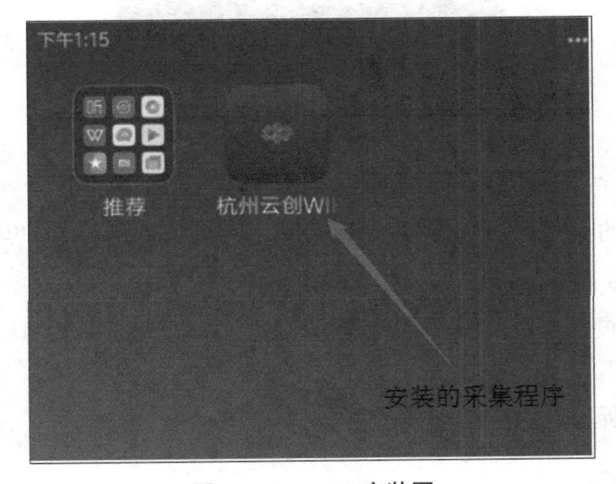

图 26－2 APP 安装图

三、设备仪器、工具及材料

JSCG－2 型传感器检测技术实验台主机箱（+5 V 直流稳压电源）；Wi－Fi 节点、Android 设备、APP、UART 转 USB 数据线。

四、步骤和过程

（1）将5 V电源适配器插入模块的“5 V电源接口”，为模块供电。

（2）将手机连接到Wi－Fi模块的AP接入点，如图26－3所示。

该接入点均以“ESP”开头，无密码，IP地址默认为：192.168.4.100。

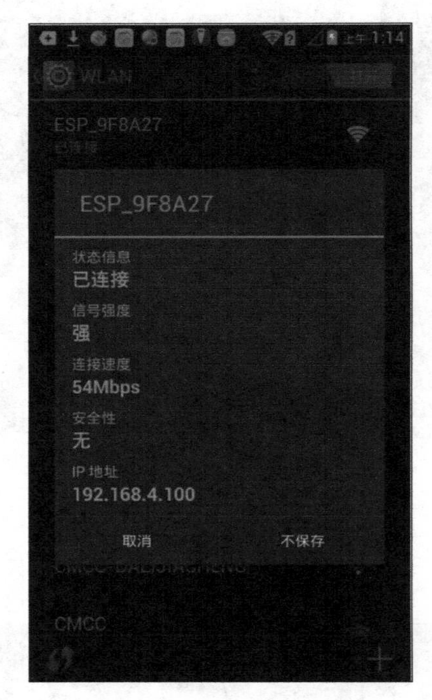

图26－3　Wi－Fi连接示意图

（3）然后打开软件，如图26－4所示。

（4）单击右下角的三角箭头，启动与Wi－Fi模块的通信。单击界面上的灯泡，关闭和打开模块开发板上标号为D_1、D_2、D_3的LED灯。

（5）将需要测量的模拟量信号接入Wi－Fi无线模块的AI0、GND端，采集的信号显示在APP的“采集电压”后面。

（6）按图26－5所示电源图标关闭软件。

五、实验注意事项

（1）接线与拆线前先关闭电源。

（2）实验前检查实验接线是否良好，连接电路时应尽量使用较短的接插线，以免引入干扰。

（3）将接插线插入插孔，以保证接触良好，切忌用力拉扯接插线尾部，以免造成线内导线断裂。

图 26－4　APP 示意图

图 26－5　APP 运行开关示意图

(4) 稳压电源不要对地短路。

(5) 配置好设备的 Wi－Fi 参数。

六、思考题

(1) 如何连接 Wi－Fi?

(2) APP 中显示的数据其意义是什么?

实验二十七　BLE 数据采集实验

一、实验目的和要求

了解通过 BLE 网络传输数据的过程。

二、实验基本理论

BLE－M0 是基于 TI CC2540 方案设计的，采用的是 2.4G BLE 低功耗蓝牙模块，基于 TI 高效升级版本的 8051 内核，同时具有高达 32 MHz 的运行频率。模块内无程序，纯硬件模块需要开发 CC254X 内部程序，并非市面上的 AT 串口透传模块 。CC254X 示意图如图 27－1 所示。

图 27－1　CC254X 示意图

产品特点：

功耗：最低可达 1 μA 左右的睡眠功耗，平均工作电流最低可达 28 mA。

体积：仅为 25 mm×17 mm×1 mm，只有一枚一元硬币的大小。

品质：军工级品质。

电源：采用 3.3 V 的工作电压。

天线配置：采用的是 pcb 天线。

通信距离：具有超强的通信性能，最远通信距离可达到 100 m。

设备采集板是基于 NEW SmartRF 开发板的，如图 27－2 所示。

主从设备模块组成一套采集系统，从设备模块用来采集信号（AI），可由 USB 供电，也可在外置电源输入端供电（＋VDC）。采集电压为 0～3.3 V。

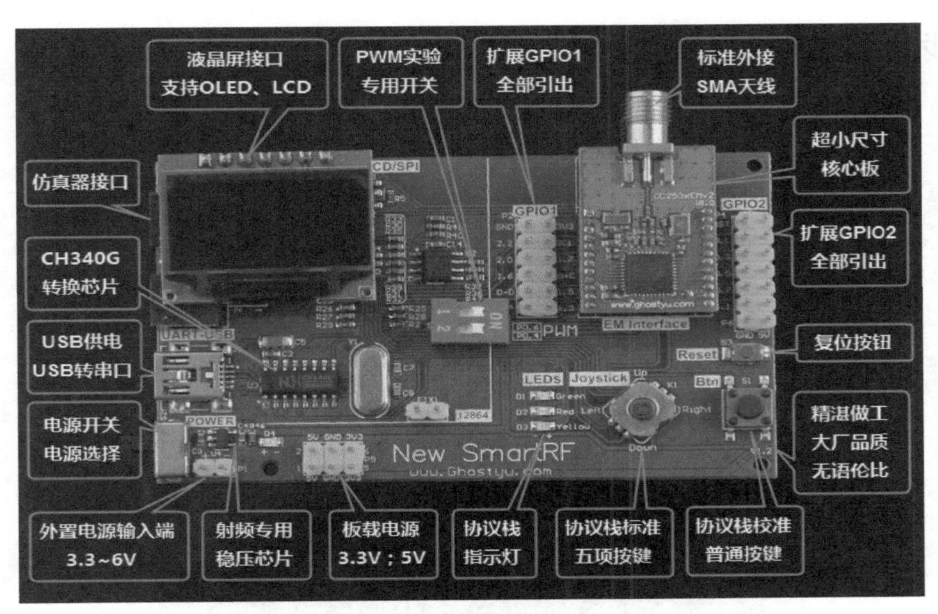

图 27－2　BLE 核心板图（一）

主设备模块使用随机的 USB 线与 PC 进行通信（见图 27－3），可运行上位机程序软件 “YC－BLE. exe” 进行检测，首次使用前请先安装该软件，在 “杭州云创蓝牙采集安装程序” 文件夹中。

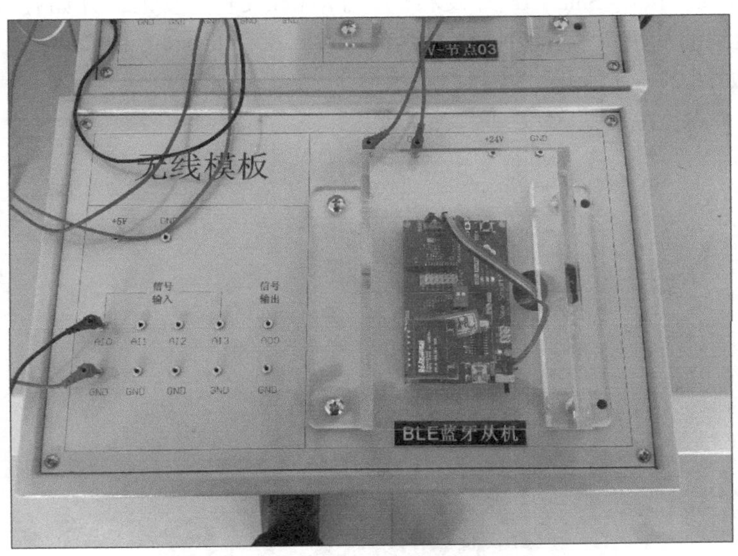

图 27－3　BLE 核心板图（二）

三、设备仪器、工具及材料

JSCG－2 型传感器检测技术实验台主机箱（＋5 V 直流稳压电源）；BLE 节点、UART 转 USB 数据线、显示软件。

四、步骤和过程

（1）上电开机，如图 27 –4 所示。

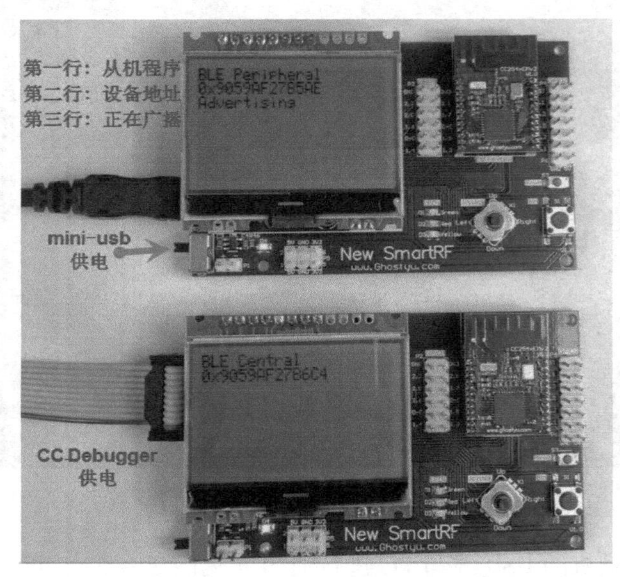

图 27 –4　BLE 上电示意图

（2）搜索从机。按下 SmartRF 开发板的“Joystick UP”按键，开始搜索从机，等待一会，会返回搜索到的从机（若不想等待，立刻再按一次“Joystick UP”按键，会立刻返回搜索到的从机），如图 27 –5 所示。

图 27 –5　BLE 搜索从机示意图

（3）查看搜索到的从机列表。按下“Joystick Left”按键，进入搜索到的从机列表，如图 27 –6 所示。

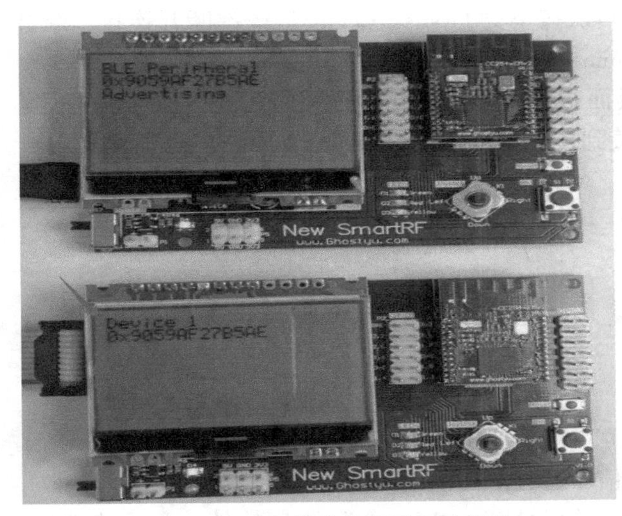

图 27 - 6　进入搜索从机列表示意图

(4) 选择从机并且连接。按下 “Joystick Center” 按键，开始连接选择的从机。
连接成功后会在 SmartRF 开发板的 LCD 上显示 “Connected”。示意图如图 27 - 7 所示。

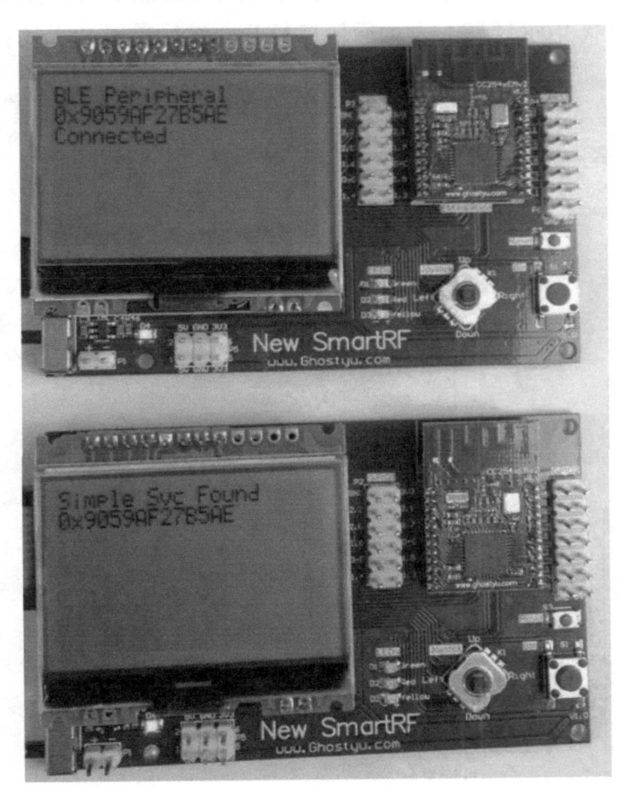

图 27 - 7　BLE 连接成功示意图

（5）断开连接。再次按下“Joystick Center”按键断开连接。断开后，SmartRF 开发板的 LCD 会显示“Disconnected”。

（6）将无线模板面板上的 AI0“+”红色接线柱连接到传感器“+”接线柱，AI0“-”黑色接线柱连接到传感器“-”接线柱，如图 27-8 所示。

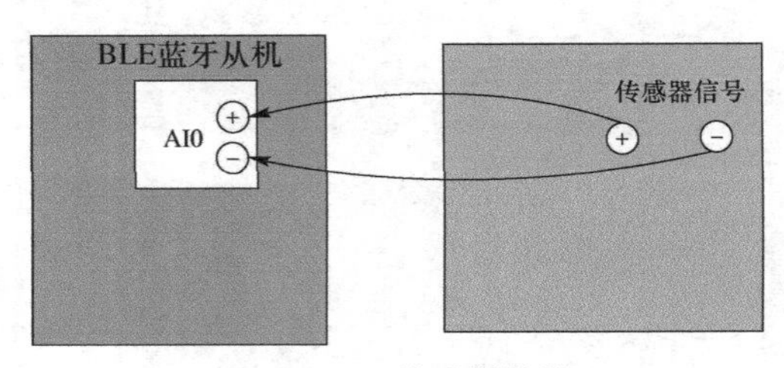

图 27-8　传感器接线

（7）主机模板通信口通过 USB 口连接 PC。

（8）打开计算机上的“YC-BLE.exe”测试软件，并让软件运行，在菜单栏中选择“数据采集卡”下的“参数设置”菜单命令，弹出“参数设置”界面（见图 27-9），在“通信口选择”中，根据计算机“设备管理器”中显示的内容来选择实际连接的端口，波特率=57 600，数据比特=8，奇偶校验=None，如图 27-10 所示。设置完成后，单击“打开”按钮，“State”状态指示灯亮，表示通信口打开，然后单击“关闭窗口”按钮。

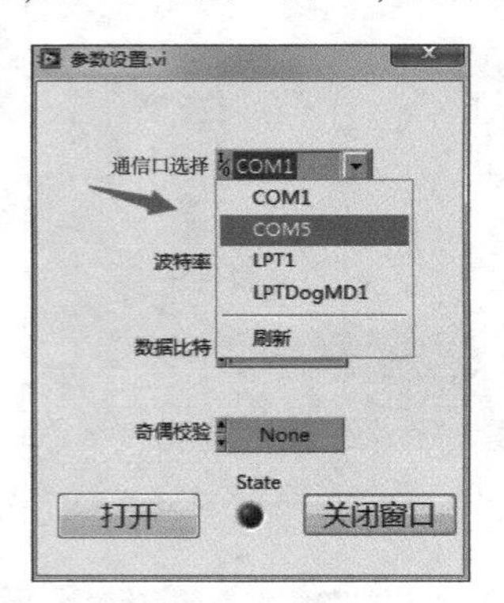

图 27-9　参数设置（一）

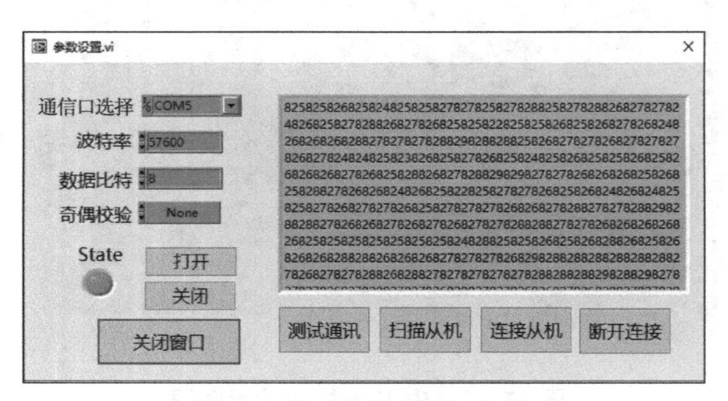

图 27-10　参数设置（二）

（9）再在菜单栏中选择“采集检测”菜单命令（见图 27－11）。（AI0：显示采集的电压值）

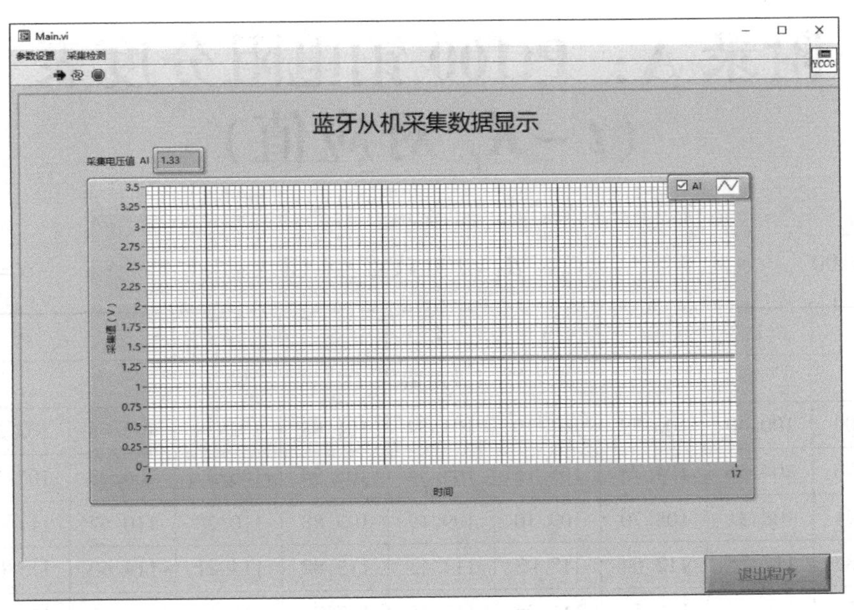

图 27－11　实验界面

五、实验注意事项

（1）接线与拆线前先关闭电源。

（2）实验前检查实验接线是否良好，连接电路时应尽量使用较短的接插线，以免引入干扰。

（3）将接插线插入插孔，以保证接触良好，切忌用力拉扯接插线尾部，以免造成线内导线断裂。

（4）稳压电源不要对地短路。

（5）配置好设备 BLE 参数。

六、思考题

（1）BLE 是一对多连接还是一对一连接？

（2）软件参数如何配置？

附录 A：Pt100 铂电阻分度表
（$t-R_t$ 对应值）

分度号：Pt100　　　　$R_0=100\ \Omega$　　　　$\alpha=0.003\ 910$

温度/℃	0	1	2	3	4	5	6	7	8	9
	电阻值/Ω									
0	100.00	100.40	100.79	101.19	101.59	101.98	102.38	102.78	103.17	103.57
10	103.96	104.36	104.75	105.15	105.54	105.94	106.33	106.73	107.12	107.52
20	107.91	108.31	108.70	109.10	109.49	109.88	110.28	110.67	111.07	111.46
30	111.85	112.25	112.64	113.03	113.43	113.82	114.21	114.60	115.00	115.39
40	115.78	116.17	116.57	116.96	117.35	117.74	118.13	118.52	118.91	119.31
50	119.70	120.09	120.48	120.87	121.26	121.65	122.04	122.43	122.82	123.21
60	123.60	123.99	124.38	124.77	125.16	125.55	125.94	126.33	126.72	127.10
70	127.49	127.88	128.27	128.66	129.05	129.44	129.82	130.21	130.60	130.99
80	131.37	131.76	132.15	132.54	132.92	133.31	133.70	134.08	134.47	134.86
90	135.24	135.63	136.02	136.40	136.79	137.17	137.56	137.94	138.33	138.72
100	139.10	139.49	139.87	140.26	140.64	141.02	141.41	141.79	142.18	142.66
110	142.95	143.33	143.71	144.10	144.48	144.86	145.25	145.63	146.10	146.40
120	146.78	147.16	147.55	147.93	148.31	148.69	149.07	149.46	149.84	150.22
130	150.60	150.98	151.37	151.75	152.13	152.51	152.89	153.27	153.65	154.03
140	154.41	154.79	155.17	155.55	155.93	156.31	156.69	157.07	157.45	157.83
150	158.21	158.59	158.97	159.35	159.73	160.11	160.49	160.86	161.24	161.62
160	162.00	162.38	162.76	163.13	163.51	163.89				

附录 B：Cu50 铜电阻分度表（$t-R_t$ 对应值）

分度号：Cu100　　　　$R_0=50\ \Omega$　　　　$\alpha=0.004\ 280$

温度/℃	0	1	2	3	4	5	6	7	8	9
	电阻值/Ω									
0	50. 00	50. 21	50. 43	50. 64	50. 86	51. 07	51. 28	51. 50	51. 71	51. 93
10	52. 14	52. 36	52. 57	52. 78	53. 00	53. 21	53. 43	53. 64	53. 86	54. 07
20	54. 28	54. 50	54. 71	54. 92	55. 14	55. 35	55. 57	55. 78	56. 00	56. 21
30	56. 42	56. 64	56. 85	57. 07	57. 28	57. 49	57. 71	57. 92	58. 14	58. 35
40	58. 56	58. 78	58. 99	59. 20	59. 42	59. 63	59. 85	60. 06	60. 27	60. 49
50	60. 70	60. 92	61. 13	61. 34	61. 56	61. 77	61. 98	62. 20	62. 41	62. 63
60	62. 84	63. 05	53. 27	53. 48	63. 70	63. 91	64. 12	64. 34	64. 55	64. 75
70	64. 98	65. 19	65. 41	65. 62	65. 83	66. 05	66. 26	66. 48	66. 69	66. 90
80	67. 12	67. 33	67. 54	67. 76	67. 97	68. 19	68. 40	68. 62	68. 83	69. 04
90	69. 26	69. 47	69. 68	69. 90	70. 11	70. 33	70. 54	70. 76	70. 97	71. 18
100	71. 40	71. 61	71. 83	72. 04	72. 25	72. 47	72. 68	72. 90	73. 11	73. 33
110	73. 54	73. 75	73. 97	74. 18	74. 40	74. 61	74. 83	75. 04	72. 26	75. 47
120	75. 68	75. 90	76. 11	76. 33	76. 54	76. 76	76. 97	77. 19	77. 40	77. 62
130	77. 83	78. 05	78. 26	78. 48	78. 69	78. 91	79. 12	79. 34	79. 55	79. 77
140	79. 98	80. 20	80. 41	80. 63	80. 84	81. 06	81. 27	81. 49	71. 70	81. 92
150	82. 13									

附录 C：K 型热电偶分度表

分度号：K　　　　　　（参考端温度为 0 ℃）

测量端温度/℃	0	1	2	3	4	5	6	7	8	9
	热电动势/mV									
0	0. 000	0. 039	0. 079	0. 119	0. 158	0. 198	0. 238	0. 277	0. 317	0. 357
10	0. 397	0. 437	0. 477	0. 517	0. 557	0. 597	0. 637	0. 677	0. 718	0. 758
20	0. 798	0. 838	0. 879	0. 919	0. 960	1. 000	1. 041	1. 081	1. 122	1. 162
30	1. 203	1. 244	1. 285	1. 325	1. 366	1. 407	1. 448	1. 489	1. 529	1. 570
40	1. 611	1. 652	1. 693	1. 734	1. 776	1. 817	1. 858	1. 899	1. 949	1. 981
50	2. 022	2. 064	2. 105	2. 146	2. 188	2. 229	2. 270	2. 312	2. 353	2. 394
60	2. 436	2. 477	2. 519	2. 560	2. 601	2. 643	2. 684	2. 726	2. 767	2. 809
70	2. 850	2. 892	2. 933	2. 975	3. 016	3. 058	3. 100	3. 141	3. 183	3. 224
80	3. 266	3. 307	3. 349	3. 390	3. 432	3. 473	3. 515	3. 556	3. 598	3. 639
90	3. 681	3. 722	3. 764	3. 805	3. 847	3. 888	3. 930	3. 971	4. 012	4. 054
100	4. 095	4. 137	4. 178	4. 219	4. 261	4. 302	4. 343	4. 384	4. 426	4. 467
110	4. 508	4. 549	4. 590	4. 632	4. 673	4. 714	4. 755	4. 796	4. 837	4. 878
120	4. 919	4. 960	5. 001	5. 042	5. 083	5. 124	5. 164	5. 205	5. 246	5. 287
130	5. 327	5. 368	5. 409	5. 450	5. 490	5. 531	5. 571	5. 612	5. 652	5. 693
140	5. 733	5. 774	5. 814	5. 855	5. 895	5. 936	5. 976	6. 016	6. 057	6. 097
150	6. 137	6. 177	6. 218	6. 258	6. 298	6. 338	6. 378	6. 419	6. 459	6. 499
160	6. 539	6. 579	6. 619	6. 659	6. 699	6. 739	6. 779	6. 819	6. 859	6. 899
170	6. 939	6. 979	7. 019	7. 059	7. 099	7. 139	7. 179	7. 219	7. 259	7. 299
180	7. 338									

附录 D：E 型热电偶分度表

分度号：E　　　　　　　　　　　　　　　　　　　　　　　　（参考端温度为 0 ℃）

测量端温度/℃	0	1	2	3	4	5	6	7	8	9
	热电动势/mV									
0	0. 000	0. 059	0. 118	0. 176	0. 235	0. 295	0. 354	0. 413	0. 472	0. 532
10	0. 591	0. 651	0. 711	0. 770	0. 830	0. 890	0. 950	1. 011	1. 071	1. 131
20	1. 192	1. 252	1. 313	1. 373	1. 434	1. 495	1. 556	1. 617	1. 678	1. 739
30	1. 801	1. 862	1. 924	1. 985	2. 047	2. 109	2. 171	2. 233	2. 295	2. 357
40	2. 419	2. 482	2. 544	2. 607	2. 669	2. 732	2. 795	2. 858	2. 921	2. 984
50	3. 047	3. 110	3. 173	3. 237	3. 300	3. 364	3. 428	3. 491	3. 555	3. 619
60	3. 683	3. 748	3. 812	3. 876	3. 941	4. 005	4. 070	4. 134	4. 199	4. 264
70	4. 329	4. 394	4. 459	4. 524	4. 590	4. 655	4. 720	4. 786	4. 852	4. 917
80	4. 983	5. 047	5. 115	5. 181	5. 247	5. 314	5. 380	5. 446	5. 513	5. 579
90	5. 646	5. 713	5. 780	5. 846	5. 913	5. 981	6. 048	6. 115	6. 182	6. 250
100	6. 317	6. 385	6. 452	6. 520	6. 588	6. 656	6. 724	6. 792	6. 860	6. 928
110	6. 996	7. 064	7. 133	7. 201	7. 270	7. 339	7. 407	7. 476	7. 545	7. 614
120	7. 683	7. 752	7. 821	7. 890	7. 960	8. 029	8. 099	8. 168	8. 238	8. 307
130	8. 377	8. 447	8. 517	8. 587	8. 657	8. 827	83. 797	8. 867	8. 938	9. 008
140	9. 078	9. 149	9. 220	9. 290	9. 361	9. 432	9. 503	9. 573	9. 614	9. 715
150	9. 787	9. 858	9. 929	10. 000	10. 072	10. 143	10. 215	10. 286	10. 358	10. 429
160	10. 501	10. 578	10. 645	10. 717	10. 789	10. 861	10. 933	11. 005	11. 077	11. 151
170	11. 222	11. 294	11. 367	11. 439	11. 512	11. 585	11. 657	11. 730	11. 805	11. 876
180	11. 949									

附录 E：JSCG－2 型传感器检测技术实验台简介

JSCG－2 型传感器检测技术实验台，主要用于高校开设的“自动检测技术”“传感器检测技术”“传感器原理与应用技术”“工业自动化控制”和“非电量电测技术”等课程的教学实验。实验台采用最新推出的模块化结构的产品，其中大部分传感器虽然是教学传感器（透明结构便于教学），但其结构与线路是工业应用的基础。希望通过实验帮助广大学生加强对书本知识的理解，并在实验的进行过程中通过信号的拾取、转换、分析、掌握，使科技工作者具备基本的操作技能与动手能力。

一、实验台的组成

JSCG－2 型传感器检测技术实验台由主机箱、温度源、转动源、振动源、传感器、相应的实验模板、数据采集卡及处理软件、实验桌等组成。

（1）主机箱：提供高稳定的 ±15 V、±5 V、+5 V、±2～±10 V（步进可调）、+2～+24 V（连续可调）直流稳压电源；直流恒流源（在 0.6～20 mA 可调）；音频信号源（音频振荡器，1～10 kHz 连续可调）；低频信号源（低频振荡器，1～30 Hz 连续可调）；气压源（0～20 kPa 可调）；智能调节仪（器）；计算机通信口；主控箱面板上装有电压、电流、频率转速、气压、光照度数显表；漏电保护开关等。其中，直流稳压电源、音频振荡器、低频振荡器都具有过载切断保护功能，在排除接线错误后重新开机一下才能恢复正常工作。

（2）振动源：振动台振动频率在 1～30 Hz 可调（谐振频率为 9 Hz 左右）。

（3）转动源：手动控制 0～2 400 r/min；自动控制 300～2 200 r/min。

（4）温度源：常温～200 ℃。

（5）气压源：0～20 kPa（可调）。

（6）传感器：基本型有电阻应变式传感器、扩散硅压力传感器、差动变压器、电容式位移传感器、霍尔式位移传感器、霍尔式转速传感器、磁电转速传感器、压电式传感器、电涡流传感器、光纤传感器、光电开关传感器（光电断续器）、集成温度传感器、K 型热电偶、E 型热电偶、Pt100 铂电阻、Cu50 铜电阻、湿敏传感器、气敏传感器、光照度探头、纯白高亮发光二极管、红外发光二极管、光敏电阻、光敏二极管、光敏三极管、硅光电池、反射式光电开关共 26 个（其中 2 个发光源）。

（7）调理电路（实验模板）：基本型有应变式、压力、差动变压器、电容式、霍尔式、压电式、电涡流、光纤位移、温度、移相/相敏检波/低通滤波共 10 块模板。

（8）数据采集卡及处理软件，另附。

（9）实验桌：尺寸为1 600 mm×800 mm×750 mm，实验桌上预留了计算机及示波器的安放位置。

二、电路原理

实验模板电路原理已印制在面板上（实验模板上），实验接线图参见文中的具体实验内容介绍。

三、使用方法

（1）开机前将电压表显示选择旋钮打到2 V挡；电流表显示选择旋钮打到200 mA挡；步进可调直流稳压电源旋钮打到±2 V挡；其余旋钮都打到中间位置。

（2）将AC 220 V电源线插头插入市电插座中，合上电源开关，数显表显示“0000”，表示实验台已接通电源。

（3）做每个实验前应先阅读实验指南，每个实验均应在断开电源的状态下按实验线路接好连接线（实验中用到可调直流电源时，应在该电源调到实验值后再接到实验线路中），检查无误后方可接通电源。

（4）合上调节仪（器）电源开关，在参数及状态设置好的情况下，调节仪的PV窗口显示测量值；SV窗口显示给定值。

（5）合上气源开关，气泵有声响，说明气泵工作正常。

（6）数据采集卡及处理软件使用方法另附说明。

四、仪器维护及故障排除

1. 仪器维护

（1）防止硬物撞击、划伤实验台面；防止传感器及实验模板跌落地面损坏。

（2）实验完毕后要将传感器、配件、实验模板及连线全部整理好。

2. 故障排除

（1）开机后数显表都无显示，应查AC 220 V电源有否接通；主控箱侧面AC 220 V插座中的保险丝是否烧断。如都正常，则更换主控箱中主机电源。

（2）转动源不工作，则手动输入+12 V（0~24 V可调）电压，如还不工作，更换转动源；如工作正常，应查调节仪设置是否准确；控制输出U_o有无电压（将可调24 V电源调节到电机相应的工作电压情况下），如无电压，更换主控箱中的转速控制板。否则更换智能调节仪。

（3）振动源不工作，检查主控箱面板上的低频振荡器有无输出（调节较大幅度后调节频率），如无输出，更换信号板；如有输出，更换振动源的振荡线圈。

（4）温度源不工作，检查温度源电源开关有否打开；温度源的保险丝是否烧断；调节仪设置是否准确。如都正常，则更换温度源。

五、注意事项

（1）在实验前务必详细阅读实验指南。

（2）严禁用酒精、有机溶剂或其他具有腐蚀性溶液擦洗主机箱的面板和实验模板面板。

（3）严禁将主机箱的电源、信号源输出端与地（⊥）短接，因短接时间长易造成电路故障。

（4）严禁将主机箱的正负电源引入实验模板时接错。

（5）在更换接线时，应断开电源，只有在确保接线无误后方可接通电源。

（6）实验完毕后，请将传感器及实验模板放回原处。

（7）如果实验台长期未通电使用，在实验前先通电 10 min 预热，再检查按一次漏电保护按钮是否有效。

六、随机附件（详见装箱清单）

参考文献

[1] 孔令宇．传感器检测技术实验教程［M］．济南：山东科学技术出版社，2009.

[2] 叶国文．传感器技术实验与实训教程［M］．北京：中国水利水电出版社，2009.

[3] 谭建军．传感器原理实验［M］．北京：科学出版社，2015.

[4] 胡波．传感器与检测技术实验指导［M］．合肥：中国科学技术大学出版社，2017.

[5] 海涛．传感器与检测技术实验指导书［M］．重庆：重庆大学出版社，2016.

[6] 王琦．传感器与自动检测技术实验实训教程［M］．北京：中国电力出版社，2010.

[7] 王广君．传感器技术及实验［M］．北京：中国地质大学出版社，2013.

[8] 刘爱华．传感器实验与设计［M］．北京：人民邮电出版社，2010.

[9] 梁惠斌．传感器系统实验教程［M］．北京：中国电力出版社，2015.